水利工程施工技术与管理研究

王学斌　刘秀华　孟凡利◎著

吉林科学技术出版社

图书在版编目（CIP）数据

水利工程施工技术与管理研究 / 王学斌，刘秀华，孟凡利著. -- 长春 : 吉林科学技术出版社，2022.9

ISBN 978-7-5578-9648-5

Ⅰ. ①水… Ⅱ. ①王… ②刘… ③孟… Ⅲ. ①水利工程－工程施工－研究②水利工程管理－研究 Ⅳ. ①TV5 ②TV6

中国版本图书馆 CIP 数据核字(2022)第 181154 号

水利工程施工技术与管理研究

著　王学斌　刘秀华　孟凡利
出 版 人　宛　霞
责任编辑　张伟泽
封面设计　金熙腾达
制　　版　金熙腾达
幅面尺寸　185mm×260mm
开　　本　16
字　　数　288 千字
印　　张　12.75
版　　次　2022 年 9 月第 1 版
印　　次　2023 年 3 月第 1 次印刷

出　　版　吉林科学技术出版社
发　　行　吉林科学技术出版社
地　　址　长春市净月区福祉大路 5788 号
邮　　编　130118
发行部电话/传真　0431-81629529　81629530　81629531　81629532　81629533　81629534
储运部电话　0431-86059116
编辑部电话　0431-81629518
印　　刷　三河市嵩川印刷有限公司

书　　号　ISBN 978-7-5578-9648-5
定　　价　80.00 元

前言

水是国民经济的命脉，也是人类发展的命脉。水利建设关乎国计民生，水利工程建设是很重要的基础建设。从防洪工程、灌溉工程、航运工程到供水工程，水利工程由点到面、由小到大迅速发展，哪里有人类生存，哪里就有水利工程。在辽阔的祖国大地上，既留下了像都江堰、京杭大运河这样名扬千古的古代水利工程，也增添了像三峡、南水北调这样举世瞩目的现代水利工程。水利工程已经成了防洪安全的关键屏障，供水安全的主要源泉，生态安全的重要支撑。水利工程记载着人类社会发展的历史，也承载着人类社会发展的未来。

水利工程通过调配地下水和地表水，从而达到除害兴利的目的，对社会的经济发展和人民的人身安全等有着重要的意义。因此，加快水利工程建设，提高水利专业人员职业素质对国家安全和财产保护有着极其重要的意义。本书立足于水利工程施工技术与管理的理论和实践两个方面，首先对水利工程施工技术进行简要概述，介绍水利工程施工组织与设计、水利工程地基、土石方及混凝土坝工程的施工技术；然后对水利工程管理的相关问题进行梳理和分析，包括水利工程质量、安全、进度等三个方面的管理。本书论述严谨，结构合理，条理清晰，内容丰富，期望本书能为当前的水利工程施工技术与管理相关理论的深入研究提供借鉴。

本书在撰写的过程中，参考了大量的文献资料，无法一一列出，在此向参考文献的作者表示崇高的敬意。由于作者水平有限，书中难免存在疏漏和不足之处，敬请读者批评指正。

目 录

第一章 水利工程施工组织与设计

第一节 施工组织设计

一、施工组织设计的作用

施工组织设计实际是水利水电工程设计文件的重要组成部分，是优化工程设计、编制工程总概算、编制投标文件、编制施工成本及国家控制工程投资的重要依据，是组织工程建设、选择施工队伍、进行施工管理的指导性文件。做好施工组织设计，对正确选定坝址、坝型及工程设计优化，合理组织工程施工，保证工程质量，缩短建设工期，降低工程造价，提高工程的投资效益等都有十分重要的作用。

水利水电工程由于建设规模大、涉及专业多、范围广，面临洪水的威胁和受到某些不利的地址、地形条件的影响，施工条件往往较困难。因此，水利工程施工组织设计工作就显得更为重要。特别是由于国家投资制度的改革，现在是市场化运作，项目法人制、招标投标制、项目监理制，代替了过去的计划经济方式，对施工组织设计的质量、水平、效益的要求也越来越高。设计阶段，施工组织设计往往影响投资、效益，决定着方案的优劣；招投标阶段，在编制投标文件时，施工组织设计是确定施工方案、施工方法的根据，是确定标底和标价的技术依据，其质量好坏直接关系到能否在投标竞争中取胜，是承揽到工程的关键问题；施工阶段，施工组织设计是施工实施的依据，是控制投资、质量、进度以及安全施工和文明施工的保证，也是施工企业控制成本、增加效益的保证。

二、工程建设项目划分

水利水电工程建设项目是指按照经济发展和生产需要提出，经上级主管部门批准，具有一定的规模，按总体进行设计施工，由一个或若干个互相联系的单项工程组成，经济上统一核算，行政上统一管理，建成后能产生社会经济效益的建设单位。

水利水电建设项目通常可逐级划分为若干个单项工程、单位工程、分部和分项工程。

单项工程由几个单位工程组成，具有独立的设计文件，具有同一性质或用途，建成后可独立发挥作用或效益，如拦河坝工程、引水工程、水力发电工程等。

单位工程是单项工程的组成部分，可以有独立的设计、可以进行独立的施工，但建成后不能独立发挥作用。单项工程可划分为若干个单位工程，如大坝的基础开挖、坝体混凝土浇筑施工等。

分部工程是单位工程的组成部分。对于水利水电工程，一般将人力、物力消耗定额相近的结构部位归为同一分项工程。如溢流坝的混凝土可分为坝身、闸墩、胸墙、工作桥、护坦等分项工程。

三、施工组织设计的分类

施工组织设计是一个总的概念，根据工程项目的编制阶段、编制对象或范围的不同，施工组织设计在编制的深度和广度上也有所不同。

（一）按工程项目编制阶段分类

根据工程项目建设设计阶段和作用的不同，可以将施工组织设计分为设计阶段施工组织设计、招标投标阶段施工组织设计、施工阶段施工组织设计。

1. 设计阶段施工组织设计

这里所说的设计阶段主要是指设计阶段中的初步设计。在做初步设计时，采用的设计方案，必然联系到施工方法和施工组织，不同的施工组织，所涉及的施工方案是不一样的，所需投资也就不一样。

设计阶段的施工组织设计是整个项目的全面施工安排和组织，涉及范围是整个项目，内容要重点突出，施工方法拟定要经济可行。

这一阶段的施工组织设计，是初步设计的重要组成部分，也是编制总概算的依据之一，由设计部门编写。

2. 施工投标阶段的施工组织设计

水利水电工程施工投标文件一般由技术标和商务标组成，其中的技术标的就是施工组织设计部分。

这一阶段的施工组织设计是投标者以招标文件为主要依据编制的，是投标文件的重要组成部分，也是投标报价的基础，以在投标竞争中取胜为主要目的。施工招投标阶段的施工组织设计主要由施工企业技术部门负责编写。

3. 施工阶段的施工组织设计

施工企业通过竞争，取得对工程项目的施工建设权，从而也就承担了对工程项目的建设责任。这个建设责任，主要是在规定的时间内，按照双方合同规定的质量、进度、投资、安全等要求完成建设任务。这一阶段的施工组织设计，主要以分部工程为编制对象，以指导施工，控制质量、控制进度、控制投资，从而顺利完成施工任务为主要目的。

施工阶段的施工组织设计，是对前一阶段施工组织设计的补充和细化，主要由施工企业项目经理部技术人员负责编写，以项目经理为批准人，并监督执行。

（二）按工程项目编制的对象分类

按工程项目编制的对象分类，可分为施工组织总设计、单位工程施工组织设计及分部（分项）工程施工组织设计。

1. 施工组织总设计

施工组织总设计是以整个建设项目为对象编制的，用以指导整个工程项目施工全过程的各项施工活动的全局性、控制性文件。它是对整个建设项目施工的全面规划，涉及范围较广，内容比较概括。

施工组织总设计用于确定建设总工期、各单位工程项目开展的顺序及工期、主要工程的施工方案、各种物资的供需设计、全工地临时工程及准备工作的总体布置、施工现场的布置等工作，同时也是施工单位编制年度施工计划和单位工程项目施工组织设计的依据。

2. 单位工程施工组织设计

单位工程施工组织设计是以一个单位工程（一个建筑或构筑物）为编制对象，用以指导其施工全过程的各项施工活动的指导性文件，是施工单位年度施工设计和施工组织总设计的具体化，也是施工单位编制作业计划和制订季、月、旬施工计划的依据。单位工程施工组织设计一般在施工图设计完成后编制，根据工程规模、技术复杂程度的不同，其编制内容的深度和广度亦有所不同。对于简单单位工程，施工组织设计一般只编制施工方案并附以施工进度和施工平面图，即“一案、一图、一表”。在拟建工程开工之前，由工程项目的技术负责人负责编制。

3. 分部（分项）工程施工组织设计

分部（分项）工程施工组织设计也叫分部（分项）工程施工作业设计。它是以分部（分项）工程为编制对象，用以具体实施其分部（分项）工程施工全过程的各项施工活动的技术、经济和组织的实施性文件。一般在单位工程施工组织设计确定了施工方案后，由施工队（组）技术人员负责编制，其内容具体、详细、可操作性强，是直接指导分部（分项）工程施工的依据。

施工组织总设计、单位工程施工组织设计和分部（分项）工程施工组织设计，是同一工程项目，不同广度、深度和作用的三个层次。

四、施工组织设计编制原则、依据和要求

（一）施工组织设计编制原则

第一，执行国家有关方针政策，严格执行国家基本建设程序和有关技术标准、规程规范，并符合国内招标、投标规定和国际招标、投标惯例。

第二，结合国情积极开发和推广新材料、新技术、新工艺和新设备，凡经实践证明技术经济效益显著的科研成果，应尽量采用。

第三，统筹安排，综合平衡，妥善协调各分部分项工程，达到均衡施工。

第四，结合实际，因地制宜。

（二）施工组织设计编制依据

第一，可行性研究报告及审批意见、设计任务书、上级单位对本工程建设的要求或批文。

第二，工程所在地区有关基本建设的法规或条例、地方政府对本工程建设的要求。

第三，国民经济各有关部门（交通、林业、环保等）对本工程建设期间有关要求及协议。

第四，当前水利水电工程建设的施工装备、管理水平和技术特点。

第五，工程所在地区和河流的地形、地质、水文、气象特点和当地建材情况等自然条件、施工电源、水源及水质、交通、环保、旅游、防洪、灌溉排水、航运、过木、供水等现状和近期发展规划。

第六，当地城镇现有状况，如加工能力，生活、生产物资和劳动力供应条件，居民生

活卫生习惯等。

第七，施工导流及通航过木等水工模型试验、各种材料试验、混凝土配合比试验、重要结构模型试验、岩土物理力学试验等成果。

第八，工程有关工艺试验或生产性试验成果。

第九，勘测、设计各专业有关成果。

（三）施工组织设计的质量要求

第一，采用资料、计算公式和各种指标选定依据可靠，正确合理。

第二，采用的技术措施先进，方案符合施工现场实际。

第三，选定的方案有良好的经济效益。

第四，文字通顺流畅，简明扼要，逻辑性强，分析论证充分。

第五，附图、附表完整清晰，准确无误。

五、施工组织设计的编制方法

第一，进行施工组织设计前的资料准备。

第二，进行施工导流、截流设计。

第三，分析研究并确定主体工程施工方案。

第四，施工交通运输设计。

第五，施工工厂设施设计。

第六，进行施工总体布置。

第七，编制施工进度计划。

六、施工组织设计的工作步骤

第一，根据枢纽布置方案，分析研究坝址施工条件，进行导流设计和施工总进度的安排，编制出控制性进度表。

第二，提出控制性进度之后，各专业根据该进度提供的指标进行设计，并为下一道工序提供相关资料。单项工程进度是施工总进度的组成部分，与施工总进度之间是局部与整体的关系，其进度安排不能脱离总进度的指导，同时它又可以检验编制施工总进度是否合理可行，从而为调整、完善施工总进度提供依据。

第三，施工总进度优化后，计算提出分年度的劳动力需要量、最高人数和总劳动力量，计算主要建筑材料总量及分年度供应量、主要施工机械设备需要总量及分年度供应数量。

第四，进行施工方案设计和比选。施工方案是指选择施工方法、施工机械、工艺流程，划分施工段。在编制施工组织设计时，需要经过比较才能确定最终的施工方案。

第五，进行施工布置。是指对施工现场进行分区设置，确定生产、生活设施，交通线路的布置。

第六，提出技术供应计划。指人员、材料、机械等施工资料的供应计划。

第七，编制文字说明。文字说明是对上述各阶段的成果进行说明。

七、施工组织设计的编制内容

（一）施工条件分析

施工条件分析的主要目的是判断它们对工程施工的作用和可能造成的影响，以充分利用有利条件，避免或减小不利因素的影响。

施工条件主要包括自然条件与工程条件两个方面。

1. 自然条件

（1）洪水枯水季节、各种频率下的流量及洪峰流量、水位与流量关系、洪水特征、冬季冰凌情况（北方河流）、施工区支沟各种频率洪水、泥石流及上下游水利水电工程对本工程施工的影响；

（2）枢纽工程区的地形、地质、水文地质条件等资料；

（3）枢纽工程区的气温、水文、降水、风力及风速、冰情和雾等资料。

2. 工程条件

（1）枢纽建筑物的组成、结构形式、主要尺寸和工程量；

（2）泄流能力曲线、水库特征水位及主要水能指标、水库蓄水分析计算、库区淹没及移民安置条件等规划设计资料；

（3）工程所在地点的对外交通运输条件、上下游可利用的场地面积及分布情况；

（4）工程的施工特点及与其他有关部门的施工协调；

（5）施工期间的供水、环保及大江大河上的通航、过木、鱼群洄游等特殊要求；

（6）主要天然建筑材料及工程施工中所用大宗材料的来源和供应条件；

（7）当地水源、电源、通信的基础条件；

（8）国家、地区或部门对本工程施工准备、工期等的要求；

（9）承包市场的情况，有关社会经济调查和其他资料等。

（二）施工导流

施工导流的目的是妥善解决施工全过程中的挡水、泄水、蓄水问题，通过对各期导流特点和相互关系进行系统分析、全面规划、周密安排，以选择技术上可行、经济上合理的导流方案，保证主体工程的正常安全施工，并使工程尽早发挥效益。

1. 导流标准

导流建筑物的级别、各期施工导流的洪水频率及流量、坝体拦洪度汛的洪水频率及流量。

2. 导流方式

（1）导流方式及选定方案的各期导流工程布置及防洪度汛、下游供水措施、大江大河上的通航、过木和鱼群洄游措施、北方河流上的排冰措施；

（2）水利计算的主要成果，必要时对一些导流方案进行模型试验的成果资料。

3. 导流建筑物设计

（1）导流挡水、泄水建筑物布置形式的方案比较及选定方案的建筑物布置、结构形式及尺寸、工程量、稳定分析等主要成果；

（2）导流建筑物与永久工程结合的可能性以及结合方式和具体措施。

4. 导流工程施工

（1）导流建筑物（如隧洞、明渠、涵管等）的开挖、衬砌等施工程序、施工方法、施工布置、施工进度；

（2）选定围堰的用料来源、施工程序、施工方法、施工进度及围堰的拆除方案；

（3）基坑的排水方式、抽水量及所需设备。

5. 截流

（1）截流时段和截流设计流量；

（2）选定截流方案的施工布置、备料计划、施工程序、施工方法措施，必要时所进行的截流试验的成果资料。

6. 施工期间的通航和过木等

（1）在大江大河上，有关部门对施工期（包括蓄水期）通航、过木等的要求；

（2）施工期间过闸（坝）通航船只、木筏的数量、吨位、尺寸及年运量、设计运量等；

（3）分析可通航的天数和运输能力；

（4）分析可能碍航、断航的时段及其影响，并研究解决措施；

（5）经方案比较，提出施工期各导流阶段通航、过木的措施、设施、结构布置和工程量；

（6）论证施工期通航与蓄水期永久通航的过闸（坝）设施相结合的可能性及相互间的衔接关系。

（三）料场的选择、规划与开采

1. 料场选择

分析块石料、反滤料与垫层料、混凝土骨料、土料等各种用料的料场分布、质量、储量、开采加工条件及运输条件、剥采比、开挖弃渣利用率及其主要技术参数，通过试验成果及技术经济比较选定料场。

2. 料场规划

根据建筑物各部位、不同高程的用料数量及技术要求，各料场的分布高程、储量及质量、开采加工及运输条件、受洪水和冰冻等影响的情况，拦洪蓄水和环境保护、占地及迁建赔偿以及施工机械化程度、施工强度、施工方法、施工进度等条件，对选定料场进行综合平衡和开采规划。

3. 料场开采

对用料的开采方式、加工工艺、废料处理与环境保护，开采、运输设备选择，储存系统布置等进行设计。

（四）主体工程施工

主体工程的施工包括建筑工程和金属结构及机电设备安装工程两大部分。

通过分析研究，确定完整可行的施工方法，使主体工程设计方案能够在经济、合理、满足总进度要求的条件下如期建成，并保证工程质量和施工安全。同时提出对水工枢纽布置和建筑物形式等的修改意见，并为编制工程概算奠定基础。

1. 闸、坝等挡水建筑物施工

包括土石方开挖及基础处理的施工程序、方法、布置及进度；各分区混凝土的浇筑程序、方法、布置、进度及所需准备工作；碾压混凝土坝上游防渗面板的施工方案、分缝分块及通仓碾压的施工措施；混凝土温控措施的设计；土石坝的备料、运输、上坝卸料、填筑碾压等的施工程序、工艺方法、机械设备、布置、进度及拦洪度汛、蓄水的计划措施；土石坝各施工期的物料开采、加工、运输、填筑的平衡及施工强度和进度安排，开挖弃渣的利用计划；施工质量控制的要求及冬雨季施工的措施意见。

2. 输（排）水、泄（引）水建筑物施工

输水、排水及泄洪、引水等建筑物的开挖、基础处理、浆砌石或混凝土衬砌的施工程序、方法、布置及进度；预防坍塌、滑坡的安全保护措施。

3. 河道工程施工

土石方开挖及岸坡防护的施工程序、工艺方法、机械设备、布置及进度；开挖料的利用、堆渣地点及运输方案。

4. 渠系建筑物施工

渠道、渡槽等渠系建筑物的施工，可参照上述相关主体工程施工的相关内容。

（五）施工工厂设施

1. 砂石加工系统

砂石料加工系统的布置、生产能力与主要设备、工艺布置设计及要求；除尘、降噪、废水排放等的方案措施。

2. 混凝土生产系统

混凝土总用量、不同强度等级及不同品种混凝土的需用量；混凝土拌和系统的布置、工艺、生产能力及主要设备；建厂计划安排和分期投产措施。

3. 混凝土制冷、制热系统

制冷、加冰、供热系统的容量、技术和进度要求。

4. 压缩空气、供水、供电和通信系统

（1）集中或分散供气方式、压气站位置及规模；

（2）工地施工生产用水、生活用水、消防用水的水质、水压要求，施工用水量及水源选择；

（3）各施工阶段用电最高负荷及当地电力供应情况，自备电源容量的选择；

（4）通信系统的组成、规模及布置。

5. 机械修配厂、加工厂

（1）施工期间所投入的主要施工机械、主要材料的加工及运输设备、金属结构等的种类与数量；

（2）修配加工能力；

（3）机械修配厂、汽车修配厂、综合加工厂（包括钢筋、木材和混凝土预制构件加工制作）及其他施工工厂设施（包括制氧厂、钢管制作加工厂、车辆保养场等）的厂址、布置和生产规模；

（4）选定场地和生产建筑面积；

（5）建厂土建安装工程量；

（6）修配加工所需的主要设备。

（六）施工总布置

第一，施工总布置的规划原则。

第二，选定方案的分区布置，包括施工工厂、生活设施、交通运输等，提出施工总布置图和房屋分区布置一览表。

第三，场地平整土石方量，土石方平衡利用规划及弃渣处理。

第四，施工永久占地和临时占地面积；分区分期施工的征地计划。

（七）施工总进度

1. 设计依据

（1）施工总进度安排的原则和依据以及国家或建设单位对本工程投入运行期限的要求；

（2）主体工程、施工导流与截流、对外交通、场内交通及其他施工临建工程、施工工厂设施等建筑安装任务及控制进度因素。

2. 施工分期

工程筹建期、工程准备期、主体工程施工期、工程完建期四个阶段的控制性关键项目、进度安排、工程量及工期。

3. 工程准备期进度

阐述工程准备期的内容与任务，拟定准备工程的控制性施工进度。

4. 施工总进度

（1）主体工程施工进度计划协调、施工强度均衡、投入运行（蓄水、通水、第一台机组发电等）日期及总工期；

（2）分阶段工程形象面貌的要求，提前发电的措施；

（3）导截流工程、基坑抽排水、拦洪度汛、下闸蓄水及主体工程控制进度的影响因素及条件；

（4）通过附表，说明主体工程及主要临建工程量、逐年（月）计划完成主要工程量、逐年最高月强度、逐年（月）劳动力需用量、施工最高峰人数、平均高峰人数及总工日数；

（5）施工总进度图表（横道图、网络图等）。

（八）主要技术供应

1. 主要建筑材料

对主体工程和临建工程，按分项列出所需钢材、木材、水泥、油料、火工材料等主要建筑材料需用量和分年度（月）供应期限及数量。

2. 主要施工机械设备

对施工所需主要机械和设备，按名称、规格型号、数量列出汇总表，并提出分年度（月）供应期限及数量。

（九）附图

在以上设计内容的基础上，还应结合工程实际情况提出如下附图：

1. 施工场内外交通图；
2. 施工转运站规划布置图；
3. 施工征地规划范围图；
4. 施工导流方案图；
5. 施工导流分期布置图；
6. 导流建筑物结构布置图；
7. 导流建筑物施工方法示意图；
8. 施工期通航布置图；
9. 主要建筑物土石方开挖施工程序及基础处理示意图；
10. 主要建筑物土石方填筑施工程序、施工方法及施工布置示意图；
11. 主要建筑物混凝土施工程序、施工方法及施工布置示意图；
12. 地下工程开挖、衬砌施工程序、施工方法及施工布置示意图；

13. 机电设备、金属结构安装施工示意图；

14. 当地建筑材料开采、加工及运输路线布置图；

15. 砂石料系统生产工艺布置图；

16. 混凝土拌和系统及制冷系统布置图；

17. 施工总布置图；

18. 施工总进度表及施工关键路线图。

第二节　施工组织的原则

建设项目一旦批准立项，如何组织施工和进行施工前准备工作就成为保证工程按计划实施的重要工作。施工组织的原则如下：

一、贯彻执行党和国家基本建设各项制度，坚持基本建设程序

我国关于基本建设的制度有：对基本建设项目必须实行严格的审批制度、施工许可制度、从业资格管理制度、招标投标制度、总承包制度、发承包合同制度、工程监理制度、建筑安全生产管理制度、工程质量责任制度、竣工验收制度等。这些制度为建立和完善建筑市场的运行机制、加强建筑活动的实施与管理，提供了重要的法律依据，必须认真贯彻执行。

二、严格遵守国家和合同规定的工程竣工及交付使用期限

对总工期较长的大型建设项目，应根据生产或使用的需要，安排分期分批建设、投产或交付使用，以及早日发挥建设投资的经济效益。在确定分期分批施工的项目时，必须注意是每期交工的项目可以独立地发挥效用，即主要项目和有关的辅助项目应同时完工，可以立即交付使用。

三、合理安排施工程序和顺序

水利水电工程建筑产品的固定性，使得水利水电工程建筑施工各阶段工作始终在同一场地上进行。前一段的工作如不完成，后一段就不能进行，即使交叉进行，也必须严格遵守一定的程序和顺序。施工程序和顺序反映客观规律的要求，其安排应符合施工工艺，满

足技术要求。掌握施工程序和顺序，有利于组织立体交叉、流水作业，有利于为后续工程创造良好的条件，有利于充分利用空间、争取时间。

四、尽量采用国内外先进施工技术，科学地确定施工方案

先进的施工技术是提高劳动生产率、改善工程质量、加快施工进度、降低工程成本的主要途径。在选择施工方案时，要积极采用新材料、新设备、新工艺和新技术，努力为新结构的推行创造条件，要注意结合工程特点和现场条件，施工技术的先进适用性和经济合理性相结合，还要符合施工验收规范、操作规程的要求和遵守有关防火、保安及环卫等规定，确保工程质量和施工安全。

五、采用流水施工方法和网络计划安排进度计划

在编制施工进度计划时，应从实际出发，采用流水施工方法组织均衡施工，以达到合理使用资源、充分利用空间、争取时间的目的。

网络计划是现代计划管理的有效方法，采用网络计划编制施工进度计划，可使计划逻辑严密、层次清晰、关键问题明确，同时便于对计划方案进行优化、控制和调整，并有利于计算机在计划管理中的应用。

六、贯彻工厂预制和现场相结合的方针，提高建筑工业化程度

建筑技术进步的重要标志之一是建筑工业化，在制订施工方案时必须根据地区条件和构建性质，通过技术经济比较，恰当地选择预制方案或现场浇筑方案。确定预制方案时，应贯彻工厂预制与现场预制相结合的方针，努力提高建筑工业化程度，但不能盲目追求装配化程度的提高。

七、充分发挥机械效能，提高机械化程度

机械化施工可加快工程进度，减轻劳动强度，提高劳动生产率。为此，在选择施工机械时，应充分发挥机械的效能，并使主导工程的大型机械如土方机械、吊装机械能连续作业，以减少机械台班费用；同时，还应使大型机械与中小型机械相结合，机械化与半机械化相结合，扩大机械化施工范围，实现施工综合机械化，以提高机械化施工程度。

八、加强季节性施工措施，确保全年连续施工

为了确保全年连续施工，减少季节性施工的技术措施费用，在组织施工时，应充分了

解当地气象条件和水文地质条件。尽量避免把土方工程、地下工程、水下工程安排在雨期和洪水期施工；尽量避免把混凝土现浇结构安排在冬期施工；高空作业、结构吊装则应避免在风季施工。对那些必须在冬雨期施工的项目，则应采用相应的技术措施，既要确保全年连续施工、均衡施工，更要确保工程质量和施工安全。

九、合理地部署施工现场，尽可能地减少临时工程

在编制施工组织设计时，应精心地进行施工总平面图的规划，合理地部署施工现场，节约施工用地；尽量利用永久工程、原有建筑物及已有设施，以减少各种临时设施；尽量利用当地资源，合理安排运输、装卸与储存作业，减少物资运输量，避免二次搬运。

第三节　施工进度计划

施工进度计划是施工组织设计的主要组成部分，它是根据工程项目建设工期的要求，对其中的各个施工环节在时间上所做的统一计划安排。根据施工的质量和时间等要求均衡人力、技术、设备、资金、时间、空间等施工资源，来规定各项目施工的开工时间、完成时间、施工顺序等，以确保施工安全顺利按时完工。

一、施工进度计划的类型

施工进度计划可划分为以下三大类型：

（一）施工总进度计划

施工总进度计划是针对一个水利水电工程枢纽（即建设项目）编制的。要求定出整个工程中各个单项工程的施工顺序及起止时间，以及准备工作、扫尾工作的施工期限。

（二）单项（或单位）工程进度计划

单项（或单位）工程进度计划是针对枢纽中的单项工程（或单位工程）进行编制的。应根据总进度中规定的工期，确定该单项工程（或单位工程）中各分部工程及准备工作的顺序及起止日期，为此要进一步从施工技术、施工措施等方面论证该进度的合理性、组织平行流水作业的可行性。

（三）施工作业计划

在实际施工时，施工单位应再根据各单位工程进度计划编制出具体的施工作业计划，即具体安排各工种、各工序间的顺序和起止日期。

二、施工总进度计划的编制步骤

（一）收集资料

编制施工进度计划一般要具备以下资料：

1. 上级主管部门对工程建设开工、竣工投产的指示和要求，有关工程建设的合同协议。

2. 工程勘测和技术经济调查的资料，如水文、气象、地形、地质、水文地质和当地建筑材料等，以及工程所在地区和库区的工矿企业、矿产资源、水库淹没和移民安置等资料。

3. 工程规划设计和概预算方面的资料，包括工程规划设计的文件和图纸，主管部门关于投资和定额的要求等资料。

4. 国民经济各部门对施工期间防洪、灌溉、航运、放木、供水等方面的要求。

5. 施工组织设计其他部分对施工进度的限制和要求，如交通运输能力、技术供应条件、分期施工强度限制等。

6. 施工单位施工能力方面的资料等。

（二）列出工程项目

项目列项的通常做法是先根据建设项目的特点划分成若干个工程项目，然后按施工先后顺序和相互关联密切程度，依次将主要工程项目一一列出，并填入工程项目一览表中。

施工总进度计划主要是起控制总工期的作用，要注意防止漏项。

（三）计算工程量

工程量的计算应根据设计图纸、所选定的施工方法和《水利水电工程工程量计算规定》，按工程性质考虑工程分期和施工顺序等因素，分别按土石、石方、水上、水下、开挖、回填、混凝土等进行计算。

计算工程量时，应注意以下几个问题：

第一，工程量的计量单位要与概算定额一致。施工总进度计划中，为了便于计算劳动量和材料、构配件及施工机具的需要量，工程量的计量单位必须与概算定额的单位一致。

第二，要依据实际采用的施工方法计算工程量。如土方工程施工中是否放坡和留工作面及其坡度大小和工作面的尺寸；是采用柱坑单独开挖，还是条形开挖或整片开挖，都直接影响工程量的大小。因此，必须依据实际采用的施工方法计算工程量，以便与施工的实际情况相符合，使施工进度计划真正起到指导施工的作用。

第三，要依据施工组织的要求计算工程量。有时为了满足分期、分段组织施工的需要，要计算不同高程（如对拦河坝）、不同桩号（如对渠道）的工程量，并做出累积曲线。

（四）计算施工持续时间

1. 定额计算法

根据计算的工程量，采用相应的定额资料，可以按式（1-1）计算或估算各项目的施工持续时间：

$$D_i = \frac{V}{kmnN} \tag{1-1}$$

式中

D_i——项目的施工持续时间，d；

V——项目工程量，m^3、m^2、t 等；

m——日工作时数，h，实行一班制时，m=8×l=8 h；

n——每小时工作人数或机械设备数量；

N——人工工时产量定额或机械台时产量定额；

k——考虑不确定因素而计入的系数 $k<1$。

定额资料的选用，应视施工进度而定，并与工程列项相一致。一般来说，对施工总进度计划可用概算定额，对单项工程进度计划用预算定额，对施工作业计划用施工定额或生产定额。

2.“三时”估算法

这种方法是根据以往的施工经验进行估算，适用于采用新材料、新技术、新工艺、新结构等无定额可查的施工过程。为了提高估算的精确性，通常采用“三时”经验估算法，即先估算出该施工项目的最短时间 D_a、最长时间 D_b 和最可能时间 D_m 等三个施工持续时间，然后按式（1-2）计算出该施工项目的持续时间 D_i

$$D_i = \frac{D_a + 4D_m + D_b}{6} \tag{1-2}$$

式中

D_a——最短时间，即最乐观的估计时间，或称最紧凑的估算时间，亦称项目的紧缩工期；

D_b——最长时间，即最悲观的估计时间，或称最松动的估算时间；

D_m——最可能的估计时间。

3. 工期推算法

目前水利工程施工多采用招标投标制、并在中标后签订施工承包合同的方法承揽施工任务，一般已在施工承包合同中规定了工程的施工工期 T_r。因此安排施工进度计划必须以合同规定工期 T_r 为主要依据，由此安排施工进度计划的方法称为工期推算法（又称“倒排计划法”）。

根据拟定的各项目的施工持续时间 D_i 及流水施工法的施工组织情况，施工单位自定出的完成该工程施工任务的计划工期 T_p，应小于合同工期，即 $T_p \leq T_r$。

（五）初拟施工进度

对于堤坝式水利水电枢纽工程的施工总进度计划来说，其关键项目一般均位于河床，故常以导流程序为主要线索，先将施工导流、围堰进占、截流、基坑排水、基坑开挖、基础处理、施工度汛、坝体拦洪、下闸蓄水、机组安装和引水发电等关键控制性进度安排好，再将相应的准备工作、结束工作和配套辅助工程的进度进行合理安排，便可构成总的轮廓进度。然后分配和安排不受水文条件控制的其他工程项目，则形成整个枢纽工程施工总进度计划草案。

（六）优化、调整和修改

初拟施工进度以后，要配合施工组织设计其他部分的分析，对一些控制环节、关键项目的施工强度、资源需用量、投资过程等重大问题，进行分析计算、优化论证，以对初拟的进度计划做必要的修改和调整，使之更加完善合理。

经过优化调整修改之后的施工进度计划，可以作为设计成果，整理以后提交审核。

三、施工进度计划的成果表达

施工进度计划的成果，可根据情况采用横道图、网络图、工程进度曲线和形象进度图等一些形式进行反映表达。

（一）横道图

施工进度横道图是应用范围最广、应用时间最长的进度计划表现形式，图表上标有工程中主要项目的工程量、施工时段、施工工期。

施工进度计划横道图的最大优点是直观、简单、方便、适应性强，且易于被人们所掌握和贯彻；缺点是难以表达各分项工程之间的逻辑关系，不能表示反映进度安排的工期、投资或资源等参数的相互制约关系，进度的调整修改工作复杂，优化困难。

不论工程项目和施工内容多么错综复杂，总可以用横道图逐一表示出来，因此，尽管进度计划的技术和形式已不断改进，但横道图进度计划目前仍作为一种常见的进度计划表示形式而被继续沿用。

（二）网络图

施工进度网络图是20世纪50年代开始在横道图进度计划基础上发展起来的，它是系统工程在编制施工进度中的应用。

工作是指计划任务按需要粗细程度划分而成的一个子项目或子任务。根据计划编制的粗细不同，工作既可以是一个单项工程，也可以是一个分项工程乃至一个工序。

1. 相关概念

在实际生活中，工作一般有两类：一类是既需要消耗时间又需要消耗资源的工作（如开挖、混凝土浇筑等）；另一类是仅需要消耗时间而不需要消耗资源的工作（如混凝土养护、抹灰干燥等技术间歇）。

在双代号网络图中，除了上述两种工作外，还有一种既不需要消耗时间也不需要消耗资源的工作——称为“虚工作”（或称“虚拟项目”）。虚工作在实际生活中是不存在的，在双代号网络图中引入使用，主要是为了准确而清楚地表达各工作间的相互逻辑关系。虚工作一般采用虚箭线来表示，其持续时间为零。

节点是网络图中箭线端部的圆圈或其他形状的封闭图形。在双代号网络图中，它表示工作之间的逻辑关系；在单代号网络图中，它表示一项工作。

无论在双代号网络图中，还是在单代号网络图中，对一个节点来说，可能有很多箭线指向该节点，这些箭线就称为内向箭线（或称内向工作）；同样也可能有很多箭线由同一节点出发，这些箭线就称为外向箭线（或称外向工作）。网络图中第一个节点叫起点节点（或称源节点），它意味着一个工程项目的开工，起点节点只有外向工作，没有内向工作；网络图中最后一个节点叫终点节点，它意味着一个工程项目的完工，终点节点只有内向工作，没有外向工作。

一个工程项目往往包括很多工作，工作间的逻辑关系比较复杂，可采用紧前工作与紧后工作把这种逻辑关系简单、准确地表达出来，便于网络图的绘制和时间参数的计算。就前面所述的截流专项工程而言，列举说明如下：

（1）紧前工作

紧排在本工作之前的工作称为本工作的紧前工作。对 E 工作（隧洞衬砌）来说，只有 D 工作（隧洞开挖）结束后 E 才能开始，且工作 D、E 之间没有其他工作，则工作 D 称为工作 E 的紧前工作。

（2）紧后工作

紧排在本工作之后的工作称为本工作的紧后工作。紧后工作与紧前工作是一对相对应的概念，如上所述 D 是 E 的紧前工作，则 E 就是 D 的紧后工作。

2. 绘图规则

（1）双代号网络图的绘图规则

绘制双代号网络图的最基本规则是明确地表达出工作的内容，准确地表达出工作间的逻辑关系，并且使所绘出的图易于识读和操作。具体绘制时应注意以下几个方面的问题：

①一项工作应只有唯一的一条箭线和相应的一对节点编号，箭尾的节点编号应小于箭头的节点编号。

②双代号网络图中应只有一个起点节点、一个终点节点。

③在网络图中严禁出现循环回路。

④双代号网络图中，严禁出现没有箭头节点或没有箭尾节点的箭线。

⑤节点编号严禁重复。

⑥绘制网络图时，宜避免箭线交叉。

⑦对平行搭接进行的工作，在双代号网络图中，应分段表达。

⑧网络图应条理清楚，布局合理。

⑨分段绘制。对于一些大的建设项目，由于工序多，施工周期长，网络图可能很大，

为使绘图方便，可将网络图划分成几个部分分别绘制。

（2）单代号网络图的绘图规则

同双代号网络图的绘制一样，绘制单代号网络图也必须遵循一定的绘图规则。当违背了这些规则时，就可能出现逻辑关系混乱、无法判别各工作之间的直接后继关系、无法进行网络图的时间参数计算。这些基本规则主要是：

①有时需在网络图的开始和结束增加虚拟的起点节点和终点节点。这是为了保证单代号网络计划有一个起点和一个终点，这也是单代号网络图所特有的。

②网络图中不允许出现循环回路。

③网络图中不允许出现有重复编号的工作，一个编号只能代表一项工作。

④在网络图中除起点节点和终点节点外，不允许出现其他没有内向箭线的工作节点和没有外向箭线的工作节点。

⑤为了计算方便，网络图的编号应是后继节点编号大于前导节点编号。

3. 施工进度的调整

施工进度计划的优化调整，应在时间参数计算的基础上进行，其目的在于使工期、资源（人力、物资、器材、设备等）和资金取得一定程度的协调和平衡。

（1）资源冲突的调整

所谓资源冲突是指在计划时段内，某些资源的需用量过大，超出了可能供应的限度。为了解决这类矛盾，可以增加资源的供应量，但往往要花费额外的开支；也可以调整导致资源冲突的某些项目的施工时间，使冲突缓解，但这可能会引起总工期的延长。如何取舍，要权衡得失而定。

（2）工期压缩的调整

当网络计划的计算总工期 T_p 与限定的总工期 T_r 不符时，或计划执行过程中实际进度与计划进度不一致时，需要进行工期调整。

工期调整分压缩调整和延长调整。工程实践中经常要处理的是工期压缩问题。

当 $T_p<T_r$，或计划执行超前时，说明提前完成施工项目，有利于工程经济效益的实现。这时，只要不打乱施工秩序，不造成资源供应方面的困难，一般可不必考虑调整问题。

当 $T_p>T_r$ 或计划执行拖延时，为了挽回延期的影响，需进行工期压缩调整或施工方案调整。

（三）工程进度曲线

以时间为横轴，以单位时间完成的数量或完成数量的累计为纵轴建立坐标系，将有关的数据点绘于坐标系内，顺次完成一条光滑的曲线，就是工程施工进度曲线。工程进度曲线上任意点的切线斜率表示相应时间的施工速度。

第一，在固定的施工机械、劳动力投入的条件下，若对施工进行适当的管理控制，无任何偶发的时间损失，能以正常的速度进行施工，则工程每天完成的数量保持一定，施工进度曲线呈直线形状。

第二，在一般情况下的施工中，施工初期由于临时设施的布置、工作的安排等原因，施工后期又由于清理、扫尾等原因，其施工进度的速度一般都较中期要小，即每天完成的数量通常自初期至中期呈递增变化趋势，由中期至末期呈递减变化趋势，施工进度曲线近似呈 S 形，其拐点对应的时间表示每天完成数量的高峰期。

（四）工程形象进度图

工程形象进度图是把工程进度计划以建筑物的形象、升程来表达的一种方法。这种方法直接将工程项目的进度目标和控制工期标注在工程形象图的相应部位，直观明了，特别适合在施工阶段使用。此法修改调整进度计划也极为方便，只须修改相应项目的日期、升程，而形象图并不改变。

第四节　施工组织总设计

一、施工组织总设计概述

施工组织总设计是水利水电工程设计文件的重要组成部分，是编制工程投资估算、总概算和招标投标文件的主要依据，是工程建设和施工管理的指导性文件。认真做好施工组织设计对正确选定坝址、坝型、枢纽布置、整体优化设计方案、合理组织工程施工、保证工程质量、缩短建设周期、降低工程造价都有十分重要的作用。

在进行施工组织总设计编制时，应依据现状、相关文件和试验成果等，具体如下：

第一，可行性研究报告及审批意见、设计任务书、上级单位对本工程建设的要求或批件。

第二，工程所在地区有关基本建设的法规或条例、地方政府对本工程建设的要求。

第三，国民经济各有关部门（铁道、交通、林业、灌溉、旅游、环保、城镇供水等）

对本工程建设期间有关要求及协议。

第四，当前水利水电工程建设的施工装备、管理水平和技术特点。

第五，工程所在地区和河流的自然条件（地形、地质、水文、气象特征和当地建材情况等）、施工电源、水源及水质、交通、环保、旅游、防洪、灌溉、航运、过木、供水等现状和近期发展规划。

第六，当地城镇现有修配、加工能力，生活、生产物资和劳动力供应条件，居民生活、卫生习惯等。

第七，施工导流及通航过木等水工模型试验、各种原材料试验、混凝土配合比试验、重要结构模型试验、岩土物理力学试验等成果。

第八，工程有关工艺试验或生产性试验成果。

第九，勘测、设计各专业有关成果。

二、施工方案

研究主体工程施工是为了正确选择水工枢纽布置和建筑物形式，保证工程质量与施工安全，论证施工总进度的合理性和可行性，并为编制工程概算提供需求的资料。

（一）施工方案选择原则

1. 施工期短、辅助工程量及施工附加量小，施工成本低。

2. 先后作业之间、土建工程与机电安装之间、各道工序之间协调均衡，干扰较小。

3. 技术先进、可靠。

4. 施工强度和施工设备、材料、劳动力等资源需求均衡。

（二）施工设备选择及劳动力组合原则

1. 适应工地条件，符合设计和施工要求；保证工程质量；生产能力满足施工强度要求。

2. 设备性能机动、灵活、高效、能耗低、运行安全可靠。

3. 通过市场调查，应按各单项工程工作面、施工强度、施工方法进行设备配套选择，使各类设备均能充分发挥效率。

4. 通用性强，能在先后施工的工程项目中重复使用。

5. 设备购置及运行费用较低，易于获得零配件，便于维修、保养、管理、调度。

6. 在设备选择配套的基础上，应按工作面、工作班制、施工方法以混合工种结合国内平均先进水平进行劳动力优化组合设计。

（三）主体工程施工

水利工程施工涉及工种很多，其中主体工程施工包括土石方明挖、地基处理、混凝土施工、碾压式土石坝施工、地下工程施工等。下面介绍其中两项工程量较大、工期较长的主体工程施工：

1. 混凝土施工

（1）混凝土施工方案选择原则：

①混凝土生产、运输、浇筑、温控防裂等各施工环节衔接合理；

②施工机械化程度符合工程实际，保证工程质量，加快工程进度和节约工程投资；

③施工工艺先进，设备配套合理，综合生产效率高；

④能连续生产混凝土，运输过程的中转环节少、运距短，温控措施简易、可靠；

⑤初、中、后期浇筑强度协调平衡；

⑥混凝土施工与机电安装之间干扰少。

（2）混凝土浇筑程序、各期浇筑部位和高程应与供料线路、起吊设备布置和机电安装进度相协调，并符合相邻块高差及温控防裂等有关规定。各期工程形象进度应能适应截流、拦洪度汛、封孔蓄水等要求。

（3）混凝土浇筑设备选择原则：

①起吊设备能控制整个平面和高程上的浇筑部位；

②主要设备型号单一，性能良好，生产率高，配套设备能发挥主要设备的生产能力；

③在固定的工作范围内能连续工作，设备利用率高；

④浇筑间歇能承担模板、金属构件及仓面小型设备吊运等辅助工作；

⑤不压浇筑块，或不因压块而延长浇筑工期；

⑥生产能力在保证工程质量前提下能满足高峰时段浇筑强度要求；

⑦混凝土宜直接起吊入仓，若用带式输送机或自卸汽车入仓卸料时，应有保证混凝土质量的可靠措施；

⑧当混凝土运距较远，可用混凝土搅拌运输车，防止混凝土出现离析或初凝，保证混凝土质量。

（4）模板选择原则：

①模板类型应适合结构物外形轮廓，有利于机械化操作和提高周转次数；

②有条件部位宜优先用混凝土或钢筋混凝土模板，并尽量多用钢模、少用木模；

③结构形式应力求标准化、系列化，便于制作、安装、拆卸和提升，条件适合时应优先选用滑模和悬臂式钢模。

（5）坝体分缝应结合水工要求确定。最大浇筑仓面尺寸在分析混凝土性能、浇筑设备能力、温控防裂措施和工期要求等因素后确定。

（6）坝体接缝灌浆应考虑：

①接缝灌浆应待灌浆区及以上冷却层混凝土达到坝体稳定温度或设计规定值后进行，在采取有效措施情况下，混凝土龄期不宜短于 4 个月；

②同一坝缝内灌浆分区高度 10～15m；

③应根据双曲拱坝施工期应力确定封拱灌浆高程和浇筑层顶面间的允许高差；

④对空腹坝封顶灌浆，或受气温年变化影响较大的坝体接缝灌浆，宜采用较坝体稳定温度更低的超冷温度。

（7）用平浇法浇筑混凝土时，设备生产能力应能确保混凝土初凝前将仓面覆盖完毕；当仓面面积过大，设备生产能力不能满足时，可用台阶法浇筑。

（8）大体积混凝土施工必须进行温控防裂设计，采用有效的温控防裂措施以满足温控要求。有条件时宜用系统分析方法确定各种措施的最优组合。

（9）在多雨地区雨季施工时，应掌握分析当地历年降雨资料，包括降雨强度、频度和一次降雨延续时间，并分析雨日停工对施工进度的影响和采取防雨措施的可能性与经济性。

（10）低温季节混凝土施工必要性应根据总进度及技术经济比较论证后确定。在低温季节进行混凝土施工时，应做好保温防冻措施。

2. 碾压式土石坝施工

（1）认真分析工程所在地区气象台（站）的长期观测资料。统计降水、气温、蒸发等各种气象要素不同量级出现的天数，确定对各种坝料施工影响程度。

（2）料场规划原则：

①料物物理力学性质符合坝体用料要求，质地较均一；

②贮量相对集中，料层厚，总贮量能满足坝体填筑需用量；

③有一定的备用料区，保留部分近料场作为坝体合龙和抢拦洪高程用；

④按坝体不同部位合理使用各种不同的料场，减少坝料加工；

⑤料场剥离层薄，便于开采，获得率较高；

⑥采集工作面开阔、料物运距较短，附近有足够的废料堆场；

⑦不占或少占耕地、林场。

（3）料场供应原则：

①必须满足坝体各部位施工强度要求；

②充分利用开挖渣料，做到就近取料，高料高用，低料低用，避免上下游料物交叉使用；

③垫层料、过渡层和反滤料一般宜用天然砂石料，工程附近缺乏天然砂石料或使用天然砂石料不经济时，方可采用人工料；

④减少料物堆存、倒运；必须堆存时，堆料场宜靠近坝区上坝道路，并应有防洪、排水、防料物污染、防分离和散失的措施；

⑤力求使料物及弃渣的总运输量最小。做好料场平整，防止水土流失。

（4）土料开采和加工处理：

①根据土层厚度、土料物理力学特性、施工特性和天然含水量等条件研究确定主次料场，分区开采；

②开采加工能力应能满足坝体填筑强度要求；

③若料场天然含水量偏高或偏低，应通过技术经济比较选择具体措施进行调整，增减土料含水量宜在料场进行；

④若土料物理力学特性不能满足设计和施工要求，应研究使用人工砾质土的可能性；

⑤统筹规划施工场地、出料线路和表土堆存场，必要时应做还耕规划。

（5）坝料上坝运输方式应根据运输量、开采、运输设备型号、运距和运费、地形条件以及临建工程量等资料，通过技术经济比较后选定，并考虑以下原则：

①满足填筑强度要求；

②在运输过程中不得掺混、污染和降低料物物理力学性能；

③各种坝料尽量采用相同的上坝方式和通用设备；

④临时设施简易，准备工程量小；

⑤运输的中转环节少；

⑥运输费用较低。

（6）施工上坝道路布置原则：

①各路段标准原则满足坝料运输强度要求，在认真分析各路段运输总量、使用期限、运输车型和当地气象条件等因素后确定；

②能兼顾地形条件，各期上坝道路能衔接使用，运输不致中断；

③能兼顾其他施工运输，两岸交通和施工期过坝运输，尽可能与永久公路结合；

④在限制坡长条件下，道路最大纵坡不大于15%。

（7）上料用自卸汽车运输上坝时，用进占法卸料，铺土厚度根据土料性质和压实设备性能通过现场试验或工程类比法确定，压实设备可根据土料性质、细颗粒含量和含水量等因素选择。

（8）土料施工尽可能安排在少雨季节，若在雨季或多雨地区施工，应选用适合的土料和施工方法，并采取可靠的防雨措施。

（9）寒冷地区当日平均气温低于0℃时，黏性土按低温季节施工；当日平均气温低于-10℃时，一般不宜填筑土料，否则应进行技术经济论证。

（10）面板堆石坝的面板垫层为级配良好的半透水细料，要求压实密度较高。垫层下游排水必须通畅。

（11）混凝土面板堆石坝上游坝坡用振动平碾，在坝面顺坡分级压实，分级长度一般为10~20m；也可用夯板随坝面升高逐层夯实。压实平整后的边坡用沥青乳胶或喷混凝土固定。

（12）混凝土面板垂直缝间距应以有利滑模操作、适应混凝土供料能力，便于组织仓面作业为准，一般用高度不大的面板，坝一般不设水平缝。高面板坝由于坝体施工期度汛或初期蓄水发电需要，混凝土面板可设置水平缝分期度汛。

（13）混凝土面板浇筑宜用滑模自下而上分条进行，滑模滑行速度通过实验选定。

（14）沥青混凝土面板堆石坝的沥青混合料宜用汽车配保温吊罐运输，坝面上设喂料车、摊铺机、振动碾和牵引卷扬台车等专用设备。面板宜一期铺筑，当坝坡长大于120m或因度汛需要，也可分两期铺筑，但两期间的水平缝应加热处理。纵向铺筑宽度一般为3~4m。

（15）沥青混凝土心墙的铺筑层厚宜通过碾压试验确定，一般可采用20~30cm。铺筑与两侧过渡层填筑尽量平起平压，两者高差不大于3m。

（16）寒冷地区沥青混凝土施工不宜裸露越冬，越冬前已浇筑的沥青混凝土应采取保护措施。

（17）坝面作业规划：

①土质防渗体应与其上、下游反滤料及坝壳部分平起填筑；

②垫层料与部分坝壳料均宜平起填筑，当反滤料或垫层料施工滞后于堆后棱体时，应预留施工场地；

③混凝土面板及沥青混凝土面板宜安排在少雨季节施工，坝面上应有足够施工场地；

④各种坝料铺料方法及设备宜尽量一致，并重视结合部位填筑措施，力求减少施工辅助设施。

（18）碾压式土石坝施工机械选型配套原则：

①提高施工机械化水平；

②各种坝料坝面作业的机械化水平应协调一致；

③各种设备数量按施工高峰时段的平均强度计算，适当留有余地；

④振动碾的碾型和碾重根据料场性质、分层厚度、压实要求等条件确定。

三、施工总进度计划

编制施工总进度时，应根据国民经济发展需要，采取积极有效的措施满足主管部门或业主对施工总工期提出的要求。如果确认要求工期过短或过长、施工难以实现或代价过大，应以合理工期报批。

（一）工程建设施工阶段

1. 工程筹建期

工程筹建期：工程正式开工前由业主单位负责为承包单位进场开工创造条件所需的时间。筹建工作有对外交通、施工用电、通信、征地、移民以及招标、评标、签约等。

2. 工程准备期

工程准备期：准备工程开工起至河床基坑开挖（河床式）或主体工程开工（引水式）前的工期。所做的必要准备工程一般包括：场地平整、场内交通、导流工程、临时建房和施工工厂等。

3. 主体工程施工期

主体工程施工期：一般从河床基坑开挖或从引水道或厂房开工起，至第一台机组发电或工程开始受益为止的期限。

4. 工程完建期

工程完建期：自水电站第一台机组投入运行或工程开始受益起，至工程竣工止的工期。工程施工总工期为后三项工期之和。并非所有工程的四个建设阶段均能截然分开，某些工程的相邻两个阶段工作也可交错进行。

（二）施工总进度的表示形式

根据工程不同情况分别采用以下三种形式：

1. 横道图。具有简单、直观等优点。

2. 网络图。可从大量工程项目中表示控制总工期的关键路线，便于反馈、优化。

3. 斜线图。易于体现流水作业。

（三）主体工程施工进度编制

1. 坝基开挖与地基处理工程施工进度

（1）坝基岸坡开挖一般与导流工程平行施工，并在河流截流前基本完成。平原地区的水利工程和河床式水电站如施工条件特殊，也可两岸坝基与河床坝基交叉进行开挖，但以不延长总工期为原则。

（2）基坑排水一般安排在围堰水下部分防渗设施基本完成之后、河床地基开挖前进行。对土石围堰与软质地基的基坑，应控制排水下降速度。

（3）不良地质地基处理宜安排在建筑物覆盖前完成。固结灌浆时间可与混凝土浇筑交叉作业，经过论证，也可在混凝土浇筑前进行。帷幕灌浆可在坝基面或廊道内进行，不占直线工期，并应在蓄水前完成。

（4）两岸岸坡有地质缺陷的坝基，应根据地基处理方案安排施工工期。当处理部位在坝基范围以外或地下时，可考虑与坝体浇筑（填筑）同时进行，在水库蓄水前按设计要求处理完毕。

（5）采用过水围堰导流方案时，应分析围堰过水期限及过水前后对工期带来的影响，在多泥沙河流上应考虑围堰过水后清淤所需工期。

（6）地基处理工程进度应根据地质条件、处理方案、工程量、施工程序、施工水平、设备生产能力和总进度要求等因素研究确定。对处理复杂、技术要求高、对总工期起控制作用的深覆盖层的地基处理应做深入分析，合理安排工期。

（7）根据基坑开挖面积、岩土等级、开挖方法及按工作面分配的施工设备性能、数量等分析计算坝基开挖强度及相应的工期。

2. 混凝土工程施工进度

(1) 在安排混凝土工程施工进度时，应分析有效工作天数，大型工程经论证后若需加快浇筑进度，可分别在冬、雨、夏季采取确保施工质量的措施后施工。一般情况下，混凝土浇筑的月工作日数可按25d计。对控制直线工期工程的工作日数，宜将气象因素影响的停工天数从设计日历天数中扣除。

(2) 混凝土的平均升高速度与坝型、浇筑块数量、浇筑块高、浇筑设备能力以及温控要求等因素有关，一般通过浇筑排块确定。

大型工程宜尽可能应用计算机模拟技术，分析坝体浇筑强度、升高速度和浇筑工期。

(3) 混凝土坝施工期历年度汛高程与工程面貌按施工导流要求确定，如施工进度难以满足导流要求，则可相互调整，确保工程度汛安全。

(4) 混凝土的接缝灌浆进度（包括厂坝间接缝灌浆）应满足施工期度汛与水库蓄水安全要求，并结合温控措施与二期冷却进度要求确定。

(5) 混凝土坝浇筑期的月不均衡系数：

①大型工程宜小于2；

②中型工程宜小于2.3。

3. 碾压式土石坝施工进度

(1) 碾压式土石坝施工进度应根据导流与安全度汛要求安排，研究坝体的拦洪方案，论证上坝强度，确保大坝按期达到设计拦洪高程。

(2) 坝体填筑强度拟定原则：

①满足总工期以及各高峰期的工程形象要求，且各强度较为均衡；

②月高峰填筑量与填筑总量比例协调，一般可取1∶20~1∶40；

③坝面填筑强度应与料场出料能力、运输能力协调；

④水文、气象条件对土石坝各种坝料的施工进度有不同程度的影响，须分析相应的有效施工工日，一般应按照有关规范要求结合本地区水文、气象条件参考附近已建工程综合分析确定；

⑤土石坝上升速度主要受塑性心墙（或斜墙）的上升速度控制，而心墙或斜墙的上升速度又和土料性能、有效工作日、工作面、运输与碾压设备性能以及压实参数有关，一般宜通过现场试验确定；

⑥碾压式土石坝填筑期的月不均衡系数宜小于2.0。

4. 地下工程施工进度

地下工程施工进度受工程地质和水文地质影响较大，各单项工程施工程序互相制约，安排时应统筹兼顾开挖、支护、浇筑、灌浆、金属结构、机电安装等各个工序。

（1）地下工程一般可全年施工，具体安排施工进度时，应根据各工程项目规模、地质条件、施工方法及设备配套情况，用关键线路法确定施工程序和各洞室、各工序间的相互衔接和最优工期。

（2）地下工程月进度指标根据地质条件、施工方法、设备性能及工作面情况分析确定。

5. 金属结构及机电安装进度

（1）施工总进度中应考虑预埋件、闸门、启闭设备、引水钢管、水轮发电机组及电气设备的安装工期，妥善协调安装工程与土建工程施工的交叉衔接，并适当留有余地。

（2）对控制安装进度的土建工程（如斜井开挖、支墩浇筑、厂房吊车梁及厂房顶板、副厂房、开关站基础等）交付安装的条件与时间均应在施工进度文件中逐项研究确定。

6. 施工劳动力及主要资源供应

单位工程施工进度计划编制确定以后，根据施工图纸、工程量计算资料、施工方案、施工进度计划等有关技术资料，着手编制劳动力需要量计划，各种主要材料、构件和半成品需要量计划及各种施工机械的需要量计划。它们不仅是为了明确各种技术工人和各种技术物资的需要量，而且还是做好劳动力与物资的供应、平衡、调度、落实的依据，也是施工单位编制月、季生产作业计划的主要依据之一。它们是保证施工进度计划顺利执行的关键。

（1）劳动力需要量计划

劳动力需要量计划主要是作为安排劳动力的平衡、调配和衡量劳动力耗用指标、安排生活福利设施的依据，其编制方法是将施工进度计划表内所列各施工过程每天（或旬、月）所需工人人数按工种汇总而得。

（2）主要材料需要量计划

主要材料需要量计划是备料、供料和确定仓库、堆场面积及组织运输的依据，其编制方法是将施工进度计划表中各施工过程的工程量，按材料名称、规格、数量、使用时间计算汇总而得。

对于某分部分项工程是由多种材料组成时，应按各种材料分类计算，如混凝土工程应换算成水泥、沙、石、外加剂和水的数量列入表格。

（3）构件和半成品需要量计划

建筑结构构件、配件和其他加工半成品的需要量计划主要用于落实加工订货单位，并按照所需规格、数量、时间，组织加工、运输和确定仓库或堆场，可根据施工图和施工进度计划编制。

（4）施工机械需要量计划

施工机械需要量计划主要用于确定施工机械的类型、数量、进场时间，可据此落实施工机械来源，组织进场。其编制方法为将单位工程施工进度计划表中的每一个施工过程每天所需的机械类型、数量和施工日期进行汇总，即得施工机械需要量计划。

四、施工总体布置

施工总体布置是在施工期间对施工场区进行的空间组织规划。它是根据施工场区的地形地貌、枢纽布置和各项临时设施布置的要求，研究施工场地的分期、分区、分标布置方案，对施工期间所需的交通运输、施工工厂设施、仓库、房屋、动力供应、给排水管线等在平面上进行总体规划、布置，以做到尽量减小施工相互干扰，并使各项临时设施最有效地为主体工程施工服务，为施工安全、工程质量、加快施工进度提供保证。

（一）设计原则

第一，各项临时设施在平面上的布置应紧凑、合理，尽量减少施工用地，且不占或少占农田。

第二，合理布置施工场区内各项临时设施的位置，在确保场内运输方便、畅通的前提下，尽量缩短运距、减少运量，避免或减少二次搬运，以节约运输成本、提高运输效率。

第三，尽量减少一切临时设施的修建量，节约临时设施费用。为此，要充分利用原有的建筑物、运输道路、给排水系统、电力动力系统等设施为施工服务。

第四，各种生产、生活福利设施均要考虑便于工人的生产、生活。

第五，要满足安全生产、防火、环保、符合当地生产生活习惯等方面的要求。

（二）施工总体布置的方法

1. 场外运输线路的布置

（1）当场外运输主要采用公路运输方式时，场外公路的布置应结合场内仓库、加工厂的布置综合考虑。

（2）当场外运输主要采用铁路运输方式时，要考虑铁路的转弯半径和坡度的限制，确定铁路的起点和进场位置。对于拟建永久性铁路的大型工业企业工地，一般应提前修建铁路专用线，并宜从工地的一侧或两侧引入，以便更好地为施工服务而不影响工地内部的交通运输。

（3）当场外运输主要采用水路运输方式时，应充分利用原有码头的吞吐能力。如需增设码头，则卸货码头应不少于两个，码头宽度应大于2.5m。

2. 仓库的布置

仓库一般将某些原有建筑物和拟建的永久性房屋作为临时库房，选择在平坦开阔、交通方便的地方，采用铁路运输方式运至施工现场时，应沿铁路线布置转运仓库和中心仓库。仓库外要有一定的装卸场地，装卸时间较长的还要留出装卸货物时的停车位置，以防较长时间占用道路而影响通行。另外，仓库的布置还应考虑安全、方便等方面的要求；氧气、炸药等易燃易爆物资的仓库应布置在工地边缘、人员较少的地点；油料等易挥发、易燃物资的仓库应设置在拟建工程的下风方向。

3. 仓库物资储备量的计算

仓库物资储备量的确定原则：既要确保工程施工连续、顺利进行，又要避免因物资大量积压而使仓库面积过大，积压资金，增加投资。

仓库物资储备量的大小通常是根据现场条件、供应条件和运输条件而定。

对于经常或连续使用的水泥、砂石、钢材、预制构件和砖等材料，可按储备期计算其储备量：

$$P=\frac{K_1QT_i}{T} \tag{1-3}$$

式中

P——仓库物资的储备量，m^3或t等；

Q——某项工程所需材料或成品、半成品等物资的总需要量，m^3或t等；

T——某项工程所需的该种物资连续使用的日期，d；

T_i——某种物资的储备期，d，根据材料来源、供应季节、运输条件等确定；

K_1——物资使用的不均衡系数，一般取1.2~1.5。

4. 加工厂的布置

总的布置要求：使加工用的原材料和加工后的成品、半成品的总运输费用最小，并使加工厂有良好的生产条件，做到加工厂生产与工程施工互不干扰。

各类加工厂的具体布置要求如下：

（1）工地混凝土搅拌站：有集中布置、分散布置、集中与分散相结合布置三种方式。当运输条件较好时，以集中布置较好；当运输条件较差时，以分散布置在各使用地点并靠近井架或布置在塔吊工作范围内为宜；也可根据工地的具体情况，采用集中布置与分散布置相结合的方式。若利用城市的商品混凝土搅拌站，只要商品混凝土的供应能力和输送设备能够满足施工要求，可不设置工地搅拌站。

（2）工地混凝土预制构件厂：一般宜布置在工地边缘、铁路专用线转弯处的扇形地带或场外邻近工地处。

（3）钢筋加工厂：宜布置在接近混凝土预制构件厂或使用钢筋加工品数量较大的施工对象附近。

（4）木材加工厂：原木、锯材的堆场应靠近公路、铁路或水路等主要运输方式的沿线，锯木、成材、粗细木等加工车间和成品堆场应按生产工艺流程布置。

（5）金属结构加工厂、锻工和机修等车间：因为这些加工厂或车间之间在生产上相互联系比较密切，应尽可能布置在一起。

（6）产生有害气体和污染环境的加工厂：如沥青熬制、石灰熟化、石棉加工等加工厂，除应尽量减少毒害和污染外，还应布置在施工现场的下风方向，以便减少对现场施工人员的伤害。

5. 加工厂的面积

对于钢筋加工厂、模板加工厂、混凝土预制构件厂、锯木车间等，其建筑面积可按下式计算确定：

$$A=\frac{K_1Q}{K_2TS}=\frac{K_1Qf}{K_2} \tag{1-4}$$

式中

A——加工厂的建筑面积，m^2；

K_1——加工量的不均衡系数，一般 1.3~1.5；

K_2——加工厂建筑面积或占地面积的有效利用系数，一般取 0.6~0.7；

Q——加工总量，m 或 t；

T——加工总时间，月；

S——每平方米加工厂面积上的月平均加工量定额，m^3/（m^2·月）或 t/（m^2·月），S 值可根据生产加工经验确定；

f——加工厂完成单位加工产量所需的建筑面积定额，m^2/m^3 或 m^2/t，$f=l/TS$。

6. 场内运输道路的布置

在规划施工道路中，既要考虑车辆行驶安全、运输方便、连接畅通，又要尽量减少道路的修筑费用。根据仓库、加工厂和施工对象的相互位置，研究施工物资周转运输量的大小，确定主要道路和次要道路，然后进行场内运输道路的规划。连接仓库、加工厂等的主要道路一般应按双行、循环形道路布置。循环形道路的各段尽量设计成直线段，以便提高车速。次要道路可按单行支线布置，但在路端应设置回车场地。

7. 临时生活设施的布置

临时生活设施包括行政管理用房、居住生活用房和文化生活福利用房。包括工地办公室、传达室、车库、职工宿舍、开水房、招待所、医务室、浴室、小学、图书馆和邮亭等。

工地所需的临时生活设施，应尽量利用原有的准备拆除的或拟建的永久性房屋。工地行政管理用房设置在工地入口处或中心地区；现场办公室应靠近施工地点布置；居住和文化生活福利用房，一般宜建在生活基地或附近村寨内。

8. 供水管网的布置

（1）应尽量提前修建并充分利用拟建的永久性供水管网作为工地临时供水系统，节约修建费用。在保证供水要求的前提下，新建供水管线的长度越短越好，并应适当采用胶皮管、塑料管作为支管，使其具有可移动性，以便施工。

（2）供水管网的铺设要与场地平整规划协调一致，以防重复开挖；管网的布置要避开拟建工程和室外管沟的位置，以防二次拆迁改建。

（3）临时水塔或蓄水池应设置在地势较高处。

（4）供水管网应按防火要求布置室外消防栓。室外消防栓应靠近十字路口、工地出入口，并沿道路布置，距路边应不大于2m，距建筑物的外墙应不小于5m；为兼顾拟建工程防火而设置的室外消防栓，与拟建工程的距离也不应大于25m；工地室外消防栓必须设有明显标志，消防栓周围3m范围内不准堆放建筑材料、停放机械设备和搭建临时房屋等；消防栓供水干管的直径不得小于100mm。

9. 工地临时供电系统的布置

（1）变压器的选择与布置要求

当施工现场只须设置一台变压器时，供电线路可按枝状布置，变压器应设置在引入电源的安全区域内。

当工地较大，需要设置多台变压器时，应先用一台主降压变压器，将工地附近的 110 kV 或 35 kV 的高压电网上的电压降至 10 kV 或 6 kV，然后通过若干个分变压器将电压降至 380/220V。主变压器与各分变压器之间采用环状连接布置；每个分变压器到该变压器负担的各用电点的线路可采用枝状布置，分变电器应设置在用电设备集中、用电量大的地方或该变压器所负担区域的中心地带，以尽量缩短供电线路的长度；低压变电器的有效供电半径一般为 400~500m。

（2）供电线路的布置要求

①工地上的 3 kV、6 kV 或 10 kV 高压线路，可采用架空裸线，其电杆距离为 40~60m，也可用地下电缆。户外 380/220V 的低压线路，可采用架空裸线，与建筑物、脚手架等相近时必须采用绝缘架空线，其电杆距离为 25~40m。分支线和引入线必须从电杆处连接，不得从两杆之间的线路上直接连接。电杆一般采用钢筋混凝土电杆，低压线路也可采用木电杆。

②配电线路宜沿道路的一侧布置，高出地面的距离一般为 4~6m，要保持线路平直；离开建筑物的安全距离为 6m，跨越铁路或公路时的高度应不小于 7.5m；在任何情况下，各供电线路均不得妨碍交通运输和施工机械的进场、退场、装拆及吊装等；同时要避开堆场、临时设施、开挖的沟槽或后期拟建工程的位置，以免二次拆迁。

③各用电点必须配备与用电设备功率相匹配的，由闸刀开关、熔断保险、漏电保护器和插座等组成的配电箱，其高度与安装位置应以操作方便、安全为准；每台用电机械或设备均应分设闸刀开关和熔断器，实行单机单闸，严禁一闸多机。

④设置在室外的配电箱应有防雨措施，严防漏电、短路及触电事故的发生。

（三）施工总布置图的绘制

1. 施工总布置图的内容构成

施工总布置图一般应包括以下内容：

（1）原有地形、地物。

（2）一切已建和拟建的地上及地下的永久性建筑物及其他设施。

（3）施工用的一切临时设施，主要包括：

①施工道路、铁路、港口或码头；

②料场位置及弃渣堆放点；

③混凝土拌和站、钢筋加工等各类加工厂、施工机械修配厂、汽车修配厂等；

④各种建筑材料、预制构件和加工品的堆存仓库或堆场，机械设备停放场；

⑤水源、电源、变压器、配电室、供电线路、给排水系统和动力设施；

⑥安全消防设施；

⑦行政管理及生活福利所用房屋和设施；

⑧测量放线用的永久性定位标志桩和水准点等。

2. 施工总布置图绘制的步骤与要求

（1）确定图幅的大小和绘图比例

图幅大小和绘图比例应根据工地大小及布置的内容多少来确定。图幅一般可选用 A1 图纸（841mm × 594mm）或 A2 图纸（594mm × 420mm），比例一般采用 1∶1000 或 1∶2000。

（2）绘制建筑总平面图中的有关内容

将现场测量的方格网、现场原有的并将保留的建筑物、构筑物和运输道路等其他设施按比例准确地绘制在图面上。

（3）绘制各种临时设施

根据施工平面布置要求和面积计算的结果，将所确定的施工道路、仓库堆场、加工厂、施工机械停放场、搅拌站等的位置、水电管网及动力设施等的布置，按比例准确地绘制在建筑总平面图上。

（4）绘制正式的施工总布置图

在完成各项布置后，再经过分析、比较、优化、调整、修改，形成施工总布置图草图，然后再按规范规定的线型、线条、图例等对草图进行加工、修饰，标上指北针、图例等，并做必要的文字说明，则成为正式的施工总布置图。

施工总体布置方案应遵循因地制宜、因时制宜、有利生产、方便生活、易于管理、安全可靠、经济合理的原则，经全面系统比较论证后选定。

（四）施工总体布置方案比较指标

1. 交通道路的主要技术指标包括工程质量、造价、运输费及运输设备需用量。

2. 各方案土石方平衡计算成果，场地平整的土石方工程量和形成时间。

3. 风、水、电系统管线的主要工程量、材料和设备等。

4. 生产、生活福利设施的建筑物面积和占地面积。

5. 有关施工征地移民的各项指标。

6. 施工工厂的土建、安装工程量。

7. 站场、码头和仓库装卸设备需要量。

8. 其他临建工程量。

（五）施工总体布置及场地选择

施工总体布置应该根据施工需要分阶段逐步形成，满足各阶段施工需要，做好前后衔接，尽量避免后阶段拆迁。初期场地平整范围按施工总体布置最终要求确定。施工总体布置应着重研究以下内容：

1. 施工临时设施项目的划分、组成、规模和布置。

2. 对外交通衔接方式、站场位置、主要交通干线及跨河设施的布置情况。

3. 可资利用场地的相对位置、高程、面积和占地赔偿。

4. 供生产、生活设施布置的场地。

5. 临建工程和永久设施的结合。

6. 前后期结合和重复利用场地的可能性。

若枢纽附近场地狭窄、施工布置困难，可采取适当利用或重复利用库区场地，布置前期施工临建工程，充分利用山坡进行小台阶式布置。提高临时房屋建筑层数和适当缩小间距。利用弃渣填平河滩或冲沟作为施工场地。

（六）施工分区规划

1. 施工总体布置分区

（1）主体工程施工区。

（2）施工工厂区。

（3）当地建材开采区。

（4）仓库、站、场、厂、码头等储运系统。

（5）机电、金属结构和大型施工机械设备安装场地。

（6）工程弃料堆放区。

（7）施工管理中心及各施工工区。

（8）生活福利区。

要求各分区间交通道路布置合理、运输方便可靠、能适应整个工程施工进度和工艺流程要求，尽量避免或减少反向运输和二次倒运。

2. 施工分区规划布置原则

（1）以混凝土建筑物为主的枢纽工程，施工区布置宜以砂、石料开采、加工，混凝土拌和浇筑系统为主；以当地材料坝为主的枢纽工程，施工区布置宜以土石料采挖、加工、堆料场和上坝运输线路为主。

（2）机电设备、金属结构安装场地宜靠近主要安装地点。

（3）施工管理中心设在主体工程、施工工厂和仓库区的适中地段；各施工区应靠近各施工对象。

（4）生活福利设施应考虑风向、日照、噪声、绿化、水源水质等因素，其生产、生活设施应有明显界限。

（5）特种材料仓库（炸药、雷管库、油库等）应根据有关安全规程的要求布置。

（6）主要施工物资仓库、站场、转运站等储运系统一般布置在场内外交通衔接处。外来物资的转运站远离工区时，应在工区按独立系统设置仓库、道路、管理及生活福利设施。

五、施工辅助企业

为施工服务的施工工厂设施（简称施工工厂）主要有：砂石加工、混凝土生产、预冷、预热、压缩空气、供水、供电和通信、机械修配及加工系统等。其任务是制备施工所需的建筑材料，供应水、电和风，建立工地与外界通信联系，维修和保养施工设备。加工制作少量非标准件和金属结构。

（一）一般规定

1. 施工工厂的规划布置

（1）施工工厂设施规模的确定，应研究利用当地工矿企业进行生产和技术协作以及结合本工程及梯级电站施工需要的可能性和合理性；

（2）厂址宜靠近服务对象和用户中心，设于交通运输和水电供应方便处；

（3）生活区应与生产区分开，协作关系密切的施工工厂宜集中布置。

2. 施工工厂的设计应积极、慎重地推广和采用新技术、新工艺、新设备、新材料；提高机械化、自动化水平，逐步推广装配式结构，力求设计系列化、定型化。

3. 尽量选用通用和多功能设备，提高设备利用率、降低生产成本。

4. 须在现场设置施工工厂，其生产人员应根据工厂生产规模，按工作班制，进行定岗定员计算所需生产人员。

（二）砂石加工系统

砂石加工系统（简称砂石系统）主要由采石场和砂石厂组成。

砂石原料需用量根据混凝土和其他砂石用料计及开采加工运输损耗和弃料量确定。

砂石系统规模可按砂石厂的处理能力和年开采量划分为大、中、小型。

1. 砂石料源确定

根据优质、经济、就近取材的原则，选用天然、人工砂石料或两者结合的料源：

（1）工程附近天然砂石储量丰富，质量符合要求，级配及开采、运输条件较好时，应优先作为比较料源；

（2）在主体工程附近无足够合格天然砂石料时，应研究就近开采加工人工骨料的可能性和合理性；

（3）尽量不占或少占耕地；

（4）开挖渣料数量较多，且质量符合要求，应尽量利用；

（5）当料物较多或情况较复杂时，宜采用系统分析法优选料源。

2. 对选定的主要料场开挖渣料应做开采规划。

料场开采规划原则主要包括：

（1）尽可能机械化集中开采，合理选择采、挖、运设备；

（2）若料场比较分散，上游料场用于浇筑前期，近距离料场宜作为生产高峰用；

（3）力求天然级配与混凝土需用级配接近，并能连续均衡开采；

（4）受洪水或冰冻影响的料场应有备料、防洪或冬季开采等措施。

3. 砂石厂厂址选择原则

（1）设在料场附近；多料场供应时，设在主料场附近；砂石利用率高、运距近、场地许可时，亦可设在混凝土工厂附近。

（2）砂石厂人工骨料加工的粗碎车间宜设在离采场 1~2 km 范围内，且尽可能靠近混凝土系统，以便共用成品堆料场。

（3）主要设施的地基稳定，有足够的承受能力。

成品堆料场容量尚应满足砂石自然脱水要求。当堆料场总容量较大时，宜多堆毛料或半成品；毛料或半成品可采用较大的堆料高度。

4. 成品骨料堆存和运输应符合要求

（1）有良好的排水系统。

（2）必须设置隔墙避免各级骨料混杂，隔墙高度可按骨料动摩擦角34°~37°加0. 5m超高确定。

（3）尽量减少转运次数，粒度大于40mm的骨料抛料落差大于3m时，应设缓降设备。碎石与砾石、人工砂与天然砂混合使用时，碎砾石混合比例波动范围应小于10%，人工、天然砂料的波动范围应小于15%。

5. 大中型砂石系统堆料场一般宜采用地弄取料

大中型砂石系统堆料场设计时应注意：

（1）地弄进口高出堆料地面；

（2）地弄底板一般宜设大于5%的纵坡；

（3）各种成品骨料取料口不宜小于3个；

（4）不宜采用事故停电时不能自动关闭的弧门；

（5）较长的独头地弄应设有安全出口。

石料加工以湿法除尘为主，工艺设计应注意减少生产环节，降低转运落差，密闭尘源。应采取措施降低或减少噪声影响。

（三）混凝土生产系统

混凝土生产必须满足质量、品种、出机口温度和浇筑强度的要求，小时生产能力可按月高峰强度计算，月有效生产时间可按500 h计，不均匀系数按1.5考虑，并按充分发挥浇筑设备的能力进行校核。

拌和加冰和掺和料以及生产干硬性或低坍落度混凝土时，均应核算拌和楼的生产能力。

混凝土生产系统（简称混凝土系统）规模按生产能力分大、中、小型。

独立大型混凝土系统拌和楼总数以1~2座以下为宜，一般不超过3座，且规格、型号应尽可能相同。

1. 混凝土系统布置原则

（1）拌和楼尽可能靠近浇筑地点，并应满足爆破安全距离要求。

（2）妥善利用地形减少工程量，主要建筑物应设在稳定、坚实、承载能力满足要求的地基上。

（3）统筹兼顾前、后期施工需要，避免中途搬迁，不与永久性建筑物干扰；高层建筑物应与输电设备保持足够的安全距离。

2. 混凝土系统尽可能集中布置

下列情况可考虑分散设厂：

（1）水工建筑物分散或高差悬殊、浇筑强度过大，集中布置使混凝土运距过远、供应有困难。

（2）两岸混凝土运输线不能沟通。

（3）砂石料场分散，集中布置骨料运输不便或不经济。

3. 混凝土系统内部布置原则

（1）利用地形高差。

（2）各个建筑物布置紧凑，制冷、供热、水泥、粉煤灰等设施均宜靠近拌和楼。

（3）原材料进料方向与混凝土出料方向错开。

（4）系统分期建成投产或先后拆迁，能满足不同施工期混凝土浇筑要求。

4. 拌和楼出料线布置原则

（1）出料能力能满足多品种、多标号混凝土的发运，保证拌和楼不间断地生产。

（2）出料线路平直、畅通。如采用尽头线布置，应核算其发料能力。

（3）每座拌和楼有独立发料线，使车辆进出互不干扰。

（4）出料线高程应和运输线路相适应。

轮换上料时，骨料供料点至拌和楼的输送距离宜在300m以内。输送距离过长，一条带式输送机向两座拌和楼供料或采用风冷、水冷骨料时，均应核算储仓容量和供料能力。

混凝土系统成品堆料场总储量一般不超过混凝土浇筑月高峰日平均3~5天的需用量。特别困难时，可减少到1天的需用量。

砂石与混凝土系统相距较近并选用带式输送机运输时，成品堆料场可以共用，或混凝土系统仅设活容积为1~2班用料量的调节料仓。

水泥应力求固定厂家计划供应，品种在2~3种以内为宜。应积极创造条件，多用散装水泥。

仓储水泥量应根据混凝土系统的生产规模、水泥供应及运输条件、施工特点及仓库布置条件等综合分析确定，既要保证混凝土连续生产，又要避免储存过多、过久，影响水泥质量，水泥和粉煤灰在工地的储备量一般按可供工程使用日数而定。

①材料由陆路运输时，储备量应可供工程使用4~7天。

②材料由水路运输时，储备量应可供工程使用5~15天。

③当中转仓库距工地较远时，可增加2~3天。

袋装水泥仓库容量以满足初期临建工程需要为原则。仓库宜设在干燥地点，有良好的排水及通风设施。水泥量大时，宜用机械化装卸、拆包和运输。

运输散装水泥优先选用气力卸载车辆；站台卸载能力、输送管道气压与输送高度应与所用的车辆技术特性相适应；受料仓和站台长度按同时卸载车辆的长度确定；尽可能从卸载点直接送至水泥仓库，避免中转站转送。

（四）混凝土预冷、预热系统

1. 混凝土预冷系统

混凝土的拌和出机口温度较高、不能满足温控要求时，拌和料应进行预冷。

拌和料预冷方式可采用骨料堆场降温，加冷水，粗骨料预冷等单项或多项综合措施。加冷水或加冰拌和不能满足出机温度时，结合风冷或冷水喷淋冷却粗骨料，水冷骨料须用冷风保温。骨料进一步冷却，须风冷、淋冷水并用。粗骨料预冷可用水淋法、风冷法、水浸法、真空汽化法等措施。直接水冷法应有脱水措施，使骨料含水率保持稳定；风冷法在骨料进入冷却仓前宜冲洗脱水，5~20mm骨料的表面水含量不得超过1%。

2. 混凝土预热系统

（1）低温季节混凝土施工，须有预热设施。

（2）优先用热水拌和以提高混凝土拌和料温度，若尚不能满足浇筑温度要求，再进行骨料预热，水泥不得直接加热。

（3）混凝土材料加热温度应根据室外气温和浇筑温度通过热平衡计算确定，拌和水温一般不宜超过60℃。骨料预热设施根据工地气温情况选择，当地最低月平均气温在-10℃以上时，可在露天料场预热；在-10℃以下时，宜在隔热料仓内预热；预热骨料宜用蒸汽排管间接加热法。

（4）供热容量除满足低温季节混凝土浇筑高峰时期加热骨料和拌和水外，尚应满足料仓、骨料输送廊道、地弄、拌和楼、暖棚等设施预热时耗热量。

（5）供热设施宜集中布置，尽量缩短供热管道减少热耗，并应满足防火、防冻要求。

（6）混凝土组成材料在冷却、加热生产、运输过程中，必须采取有效的隔热、降温或采暖措施，预冷、预热系统均需围护隔热材料。

（7）有预热要求的混凝土在日平均气温低于-5 ℃时，对输送骨料的带式输送机廊道、地弄、装卸料仓等均须采暖，骨料卸料口要采取措施防止冻结。

（五）压缩空气、供水、供电和通信系统

1. 压缩空气

（1）压气系统主要供石方开挖、混凝土施工、水泥输送、灌浆、机电及金属结构安装所需压缩空气。

（2）根据用气对象的分布、负荷特点、管网压力损失和管网设置的经济性等综合分析确定集中或分散供气方式，大型风动凿岩机及长隧洞开挖应尽可能采用随机移动式空压机供气，以减少管网和能耗。

（3）压气站位置应尽量靠近耗气负荷中心、接近供电和供水点，处于空气洁净、通风良好、交通方便、远离需要安静和防振的场所。

（4）同一压气站内的机型不宜超过两种规格，空压机一般为 2~3 台，备用 1 台。

2. 施工供水

施工供水量应满足不同时期日高峰生产用水和生活用水需要，并按消防用水量进行校核。水源选择原则：

（1）水量充沛可靠，靠近用户；

（2）满足水质要求，或经过适当处理后能满足要求；

（3）符合卫生标准的自流或地下水应优先作为生活饮用水源；

（4）冷却水或其他施工废水应根据环保要求与论证确定回收净化作为施工循环用水源；

（5）水量有限而与其他部门共用水源，应签订协议，防止用水矛盾。

水泵型号及数量根据设计供水量的变化、水压要求、调节水池的大小、水泵效率、设备来源等因素确定。同一泵站的水泵型号尽可能统一。

泵站内应设置用水泵，当供水保证率要求不高时，可根据具体情况少设或不设。

3. 施工供电

供电系统应保证生产、生活高峰负荷需要。电源选择应结合工程所在地区能源供应和工程具体条件，经过技术经济比较确定。一般优先考虑电网供电，并尽可能提前架设电站永久性输电线路；施工准备期间，若无其他电源，可建临时发电厂供电，电网供电后，电厂作为备用电源。

各施工阶段用电最高负荷按需要系数法计算；当资料缺乏时，用电高峰负荷可按全工

程用电设备总容量的25%~40%估算。

对工地因停电可能造成人身伤亡或设备事故、引起国家财产严重损失的一类负荷必须保证连续供电，设两个以上电源；若单电源供电，须另设发电厂作备用电源。

自备电源容量确定原则：

（1）用电负荷全由自备电源供给时，其容量应能满足施工用电最高负荷要求。

（2）作为系统补充电源时，其容量为施工用电最高负荷与系统供电容量的差值。

（3）事故备用电源，其容量必须满足系统供电中断时工地一类负荷用电要求。

（4）自备电源除满足施工供电负荷和大型电动机起动电压要求外，尚应考虑适当的备用容量或备用机组。

供电系统中的输、配电电压等级根据输送半径及容量确定。

4. 施工通信

施工通信系统应符合迅速、准确、安全、方便的原则。

通信系统组成与规模应根据工程规模大小、机械程度高低、施工设施布置以及用户分布情况确定，一般以有线通信为主。机械化程度较高的大型工程，须增设无线通信系统。有线调度电话总机和施工管理通信的交换机容量可按用户数加20%~30%的备用量确定，当资料缺乏时，可按每百人5~10门确定。

水情预报、远距离通信以及调度施工现场流动人员、设备可采用无线电通信。其工作频率应避免与该地区无线电设备干扰。

供电部门的通信主要采用电力载波。载波机型号和工作频率应按《电力系统通信规划》选择。当变电站距供电部门较近且架设通信线经济时，可架设通信线。

与工地外部通信一般应通过邮电部门挂长途电话方式解决，其中继线数量一般可按每百门设双向中继线2~3对；有条件时，可采用电力载波、电缆载波、微波中继、卫星通信或租用邮电系统的通道等方式通信，并与电力调度通信及对外永久通信的通道并作。

（六）机械修配及加工厂

1. 机械修配厂（站）

机械修配厂（站）主要进行设备维修和更换零部件。尽量减少在工地的设备加工、修理工作量，使机械修配厂向小型化、轻装化发展。应接近施工现场，便于施工机械和原材料运输，附近有足够场地存放设备、材料并靠近汽车修配厂。

机械修配厂各车间的设备数量应按承担的年工作量（总工时或实物工作量）和设备年

工作时数（或生产率）计算，最大规模设备应与生产规模相适应。尽可能采用通用设备，以提高设备利用率。

汽车大修尽可能不在工地进行，当汽车数量较多且使用期多超过大修周期、工地又远离城市或基地，方可在工地设置汽车修理厂，大型或利用率较低的加工设备尽可能与修配厂合用。当汽车大修量较小时，汽车修理厂可与机械修配厂合并。

压力钢管加工制作地点主要根据钢管直径、管壁厚度、加工运输条件等因素确定。大型钢管一般宜在工地制作；直径较小且管壁较厚的钢管可在专业工厂内加工成节或瓦状，运至工地组装。

2. 木材加工厂

木材加工厂承担工程锯材、制作细木构件、木模板和房屋建筑构件等加工任务。根据工程所需原木总量、木材来源及其运输方式，锯材、构件、木模板的需要量和供应计划、场内运输条件等确定加工厂的规模。

当工程布置比较集中时，木材加工厂宜和钢筋加工、混凝土构件预制共同组成综合加工厂，厂址应设在公路附近装、卸料方便处，并应远离火源和生活办公区。

3. 钢筋加工厂

钢筋加工厂承担主体及临时工程和混凝土预制厂所用钢筋的冷处理、加工及预制钢筋骨架等任务。规模一般按高峰月日平均需用量确定。

4. 混凝土构件预制厂

混凝土构件预制厂供应临建和永久工程所需的混凝土预制构件，混凝土构件预制厂规模根据构件的种类、规格、数量、最大重量、供应计划、原材料来源及供应运输方式等计算确定。

当预制件量小于3 000m^3/年时，一般只设简易预制场。预制构件应优先采用自然保护，大批量生产或寒冷地区低温季节才采取蒸汽保护。

当混凝土预制与钢筋加工、木材加工组成综合加工厂时，可不设钢筋、木模加工车间；当由附近混凝土系统供应混凝土时，可不设或少设拌和设备。木材、钢筋、混凝土预制厂在南方以工棚为主，少雨地区可露天作业。

第一节 岩基处理方法

若岩基处于严重风化或破碎状态，首先考虑清除至新鲜的岩基为止。若风化层或破碎带很厚，无法清除彻底时，则考虑采用灌浆的方法加固岩层和截止渗流。对于防渗，有时从结构上进行处理，设截水墙和排水系统。

灌浆方法是钻孔灌浆（在地基上钻孔，用压力把浆液通过钻孔压入风化或破碎的岩基内部）。待浆液胶结或固结后，就能达到防渗或加固的目的。最常用的灌浆材料是水泥。当岩石裂隙多、空洞大，吸浆量很大时，为了节省水泥，降低工程造价，改善浆液性能，常加砂或其他材料；当裂隙细微，水泥浆难以灌入，基础的防渗不能达到设计要求或者有大的集中渗流时，可采用化学材料灌浆的方法处理。化学灌浆是一种以高分子有机化合物为主体材料的新型灌浆方法。这种浆材呈溶液状态，能灌入0.1mm以下的微细裂缝，浆液经过一定时间起化学作用，可将裂缝黏合起来或形成凝胶，起到堵水防渗以及补强的作用。

除了上述灌浆材料外，还有热柏油灌浆、黏土灌浆等，但是由于本身存在一些缺陷致使其应用受到一定限制。

一、岩基灌浆的分类

水工建筑物的岩基灌浆按其作用，可分为帷幕灌浆、固结灌浆和接触灌浆。灌浆技术不仅大量运用于建筑物的基岩处理，而且也是进行水工隧洞围岩固结、衬砌回填、超前支护，混凝土坝体接缝以及建（构）筑物补强、堵漏等方面的主要措施。

（一）帷幕灌浆

布置在靠近建筑物上游迎水面的基岩内，形成一道连续的平行建筑物轴线的防渗幕墙。其目的是减少基岩的渗流量，降低基岩的渗透压力，保证基础的渗透稳定。帷幕灌浆的深度主要由作用水头及地质条件等确定，较之固结灌浆要深得多，有些工程的帷幕深度超过百米。在施工中，通常采用单孔灌浆，所使用的灌浆压力比较大。

帷幕灌浆一般安排在水库蓄水前完成，这样有利于保证灌浆的质量。由于帷幕灌浆的工程量较大，与坝体施工在时间安排上有矛盾，所以通常安排在坝体基础灌浆廊道内进行。这样既可实现坝体上升与基岩灌浆同步进行，也为灌浆施工具备了一定厚度的混凝土压重，有利于提高灌浆压力，保证灌浆质量。

（二）固结灌浆

其目的是提高基岩的整体性与强度，并降低基础的透水性。当基岩地质条件较好时，一般可在坝基上、下游应力较大的部位布置固结灌浆孔；在地质条件较差而坝体较高的情况下，则需要对坝基进行全面的固结灌浆，甚至在坝基以外上、下游一定范围内也要进行固结灌浆。灌浆孔的深度一般为 5~8m，也有深达 15~40m 的，各孔在平面上呈网格交错布置。通常采用群孔冲洗和群孔灌浆。

固结灌浆宜在一定厚度的坝体基层混凝土上进行，这样可以防止基岩表面冒浆，并采用较大的灌浆压力，提高灌浆效果，同时也兼顾坝体与基岩的接触灌浆。如果基岩比较坚硬、完整，为了加快施工速度，也可直接在基岩表面进行无混凝土压重的固结灌浆。在基层混凝土上进行钻孔灌浆，必须在相应部位混凝土的强度达到 50%设计强度后，方可开始。或者先在岩基上钻孔，预埋灌浆管，待混凝土浇筑到一定厚度后再灌浆。同一地段的基岩灌浆必须按先固结灌浆后帷幕灌浆的顺序进行。

（三）接触灌浆

其目的是加强坝体混凝土与坝基或岸肩之间的结合能力，提高坝体的抗滑稳定性。一般是通过混凝土钻孔压浆或预先在接触面上埋设灌浆盒及相应的管道系统，也可结合固结灌浆进行。

接触灌浆应安排在坝体混凝土达到稳定温度以后进行，以利于防止混凝土收缩产生拉裂。

二、灌浆的材料

岩基灌浆的浆液，一般应该满足如下要求：

第一，浆液在受灌的岩层中应具有良好的可灌性，即在一定的压力下，能灌到裂隙、空隙或孔洞中，充填密实；

第二，浆液硬化成结石后，应具有良好的防渗性能、必要的强度和黏结力；

第三，为便于施工和增大浆液的扩散范围，浆液应具有良好的流动性；

第四，浆液应具有较好的稳定性，吸水率低。

基岩灌浆以水泥灌浆最普遍。灌入基岩的水泥浆液，由水泥与水按一定配比制成，水泥浆液呈悬浮状态。水泥灌浆具有灌浆效果可靠，灌浆设备与工艺比较简单，材料成本低廉等优点。

水泥浆液所采用的水泥品种，应根据灌浆目的和环境水的侵蚀作用等因素确定。一般情况下，可采用标号不低于 C45 的普通硅酸盐水泥或硅酸盐大坝水泥，如有耐酸等要求时，选用抗硫酸盐水泥。矿渣水泥与火山灰质硅酸盐水泥由于其吸水快、稳定性差、早期强度低等缺点，一般不宜使用。

水泥颗粒的细度对于灌浆的效果有较大影响。水泥颗粒越细，越能够灌入细微的裂隙中，水泥的水化作用也越完全。帷幕灌浆对水泥细度的要求为通过 80μm 方孔筛的筛余量不大于 5%。灌浆用的水泥要符合质量标准，不得使用过期、结块或细度不合要求的水泥。

对于岩体裂隙宽度小于 200μm 的地层，普通水泥制成的浆液一般难以灌入。为了提高水泥浆液的可灌性，自 20 世纪 80 年代以来，许多国家陆续研制出各类超细水泥，并在工程中得到广泛采用。超细水泥颗粒的平均粒径约 4μm，比表面积 8 000cm^2/g，它不仅具有良好的可灌性，同时在结石体强度、环保及价格等方面都具有很大优势，特别适合细微裂隙基岩的灌浆。

在水泥浆液中掺入一些外加剂（如速凝剂、减水剂、早强剂及稳定剂等），可以调节或改善水泥浆液的一些性能，满足工程对浆液的特定要求，提高灌浆效果。外加剂的种类及掺入量应通过试验确定。

在水泥浆液里掺入黏土、砂、粉煤灰，制成水泥黏土浆、水泥砂浆、水泥粉煤灰浆等，可用于注入量大、对结石强度要求不高的基岩灌浆。这主要是为了节省水泥、降低材料成本。砂砾石地基的灌浆主要是采用此类浆液。

当遇到一些特殊的地质条件如断层、破碎带、细微裂隙等，采用普通水泥浆液难以达到工程要求时，也可采用化学灌浆，即灌注以环氧树脂、聚氨酯、甲凝等高分子材料为基材制成的浆液。其材料成本比较高，灌浆工艺比较复杂。在基岩处理中，化学灌浆仅起辅助作用，一般是先进行水泥灌浆，再在其基础上进行化学灌浆，这样既可提高灌浆质量，也比较经济。

三、水泥灌浆的施工

在基岩处理施工前一般须进行现场灌浆试验。通过试验，可以了解基岩的可灌性、确定合理的施工程序与工艺、提供科学的灌浆参数等，为进行灌浆设计与施工准备提供主要依据。

基岩灌浆施工中的主要工序包括钻孔、钻孔（裂隙）冲洗、压水试验、灌浆、回填封孔等工作。

（一）钻孔

钻孔质量要求：

第一，确保孔位、孔深、孔向符合设计要求。钻孔的方向与深度是保证帷幕灌浆质量的关键。如果钻孔方向有偏斜，钻孔深度达不到要求，则通过各钻孔所灌注的浆液，不能连成一体，将形成漏水通路。

第二，力求孔径上下均一、孔壁平顺。孔径均一、孔壁平顺，则灌浆栓塞能够卡紧卡牢，灌浆时不至于产生绕塞返浆。

第三，钻进过程中产生的岩粉细屑较少。钻进过程中如果产生过多的岩粉细屑，容易堵塞孔壁的缝隙，影响灌浆质量，同时也影响工人的作业环境。

根据岩石的硬度完整性和可钻性的不同，分别采用硬质合金钻头、钻粒钻头和金刚钻头。6~7 级以下的岩石多用硬质合金钻头；7 级以上用钻粒钻头；石质坚硬且较完整的用金刚石钻头。

帷幕灌浆的钻孔宜采用回转式钻机和金刚石钻头或硬质合金钻头，其钻进效率较高，不受孔深、孔向、孔径和岩石硬度的限制，还可钻取岩芯。钻孔的孔径一般在 75~91mm。固结灌浆则可采用各式合适的钻机与钻头。

孔向的控制相对较困难，特别是钻设斜孔，掌握钻孔方向更加困难。在工程实践中，按钻孔深度不同规定了钻孔偏斜的允许值，见表 2-1。当深度大于 60m 时，则允许的偏差不应超过钻孔的间距。钻孔结束后，应对孔深、孔斜和孔底残留物等进行检查，不符合要求的应采取补救处理措施。

表 2-1　钻孔孔底最大允许偏差值

钻孔深度/m	20	30	40	50	60
允许偏差	0.25	0.50	0.80	1.15	1.50

钻孔顺序。为了有利于浆液的扩散和提高浆液结合的密实性，在确定钻孔顺序时应和灌浆次序密切配合。一般是当一批钻孔钻进完毕后，随即进行灌浆。钻孔次序则以逐渐加密钻孔数和缩小孔距为原则。对排孔的钻孔顺序，先下游排孔，后上游排孔，最后中间排孔。对统一排孔而言，一般 2~4 次序孔施工，逐渐加密。

（二）钻孔冲洗

钻孔后，要进行钻孔及岩石裂隙的冲洗。冲洗工作通常分为：①钻孔冲洗，将残存在钻孔底和黏滞在孔壁的岩粉铁屑等冲洗出来；②岩层裂隙冲洗，将岩层裂隙中的充填物冲洗出孔外，以便浆液进入腾出的空间，使浆液结石与基岩胶结成整体。在断层、破碎带和细微裂隙等复杂地层中灌浆—冲洗的质量对灌浆效果影响极大。

一般采用灌浆泵将水压入孔内循环管路进行冲洗。将冲洗管插入孔内，用阻塞器将孔口堵紧，用压力水冲洗。也可采用压力水和压缩空气轮换冲洗或压力水和压缩空气混合冲洗的方法。

岩层裂隙冲洗方法分为单孔冲洗和群孔冲洗两种。在岩层比较完整，裂隙比较少的地方，可采用单孔冲洗。冲洗方法有高压压水冲洗、高压脉动冲洗和扬水冲洗等。

当节理、裂隙比较发育且在钻孔之间互相串通的地层中，可采用群孔冲洗。将两个或两个以上的钻孔组成一个孔组，轮换地向一个孔或几个孔压进压力水或压力水混合压缩空气，从另外的孔排出污水，这样反复交替冲洗，直到各个孔出水洁净为止。

群孔冲洗时，沿孔深方向冲洗段的划分不宜过长，否则冲洗段内钻孔通过的裂隙条数增多，这样不仅分散冲洗压力和冲洗水量，并且一旦有部分裂隙冲通以后，水量将相对集中在这几条裂隙中流动，使其他裂隙得不到有效的冲洗。

为了提高冲洗效果，有时可在冲洗液中加入适量的化学剂，如碳酸钠、氢氧化钠或碳酸氢钠等，以利于促进泥质充填物的溶解。加入化学剂的品种和掺量，宜通过试验确定。

采用高压水或高压水气冲洗时，要注意观测，防止冲洗范围内岩层的抬动和变形。

（三）压水试验

在冲洗完成并开始灌浆施工前，一般要对灌浆地层进行压水试验。压水试验的主要目的是：测定地层的渗透特性，为基岩的灌浆施工提供基本技术资料。压水试验也是检查地层灌浆实际效果的主要方法。

压水试验的原理：在一定的水头压力下，通过钻孔将水压入孔壁四周的缝隙中，根据压入的水量和压水的时间，计算出代表岩层渗透特性的技术参数。一般可采用透水率来表示岩层的渗透特性。所谓透水率，是指在单位时间内，通过单位长度试验孔段，在单位压力作用下所压入的水量。

（四）灌浆的方法与工艺

为了确保岩基灌浆的质量，必须注意以下问题：

1. 钻孔灌浆的次序

基岩的钻孔与灌浆应遵循分序加密的原则进行。一方面，可以提高浆液结石的密实性；另一方面，通过后灌序孔透水率和单位吸浆量的分析，可推断先灌序孔的灌浆效果，同时还有利于减少相邻孔串浆现象。

2. 注浆方式

按照灌浆时浆液灌注和流动的特点，灌浆方式有纯压式和循环式两种。对于帷幕灌浆，应优先采用循环式。

纯压式灌浆，就是一次将浆液压入钻孔，并扩散到岩层裂隙中。灌注过程中，浆液从灌浆机向钻孔流动，不再返回；这种灌注方式设备简单，操作方便，但浆液流动速度较慢，容易沉淀，造成管路与岩层缝隙的堵塞，影响浆液扩散。纯压式灌浆多用于吸浆量大，有大裂隙存在，孔深不超过 12~15m 的情况。

循环式灌浆，就是灌浆机把浆液压入钻孔后，浆液一部分被压入岩层缝隙中，另一部分由回浆管返回拌浆筒中。这种方法，一方面，可使浆液保持流动状态，减少浆液沉淀；另一方面，可根据进浆和回浆浆液比重的差别，来了解岩层吸收情况，并作为判定灌浆结束的一个条件。

3. 钻灌方法

按照同一钻孔内的钻灌顺序，有全孔一次钻灌和全孔分段钻灌两种方法。全孔一次钻灌系将灌浆孔一次钻到全深，并沿全孔进行灌浆。这种方法施工简便，多用于孔深不超过 6m，地质条件良好，基岩比较完整的情况。

全孔分段钻灌又分为自上而下法、自下而上法、综合灌浆法及孔口封闭法等。

（1）自上而下分段钻灌法。其施工顺序是：钻一段，灌一段，待凝一定时间以后，再钻灌下一段，钻孔和灌浆交替进行，直到设计深度。其优点是：随着段深的增加，可以逐段增加灌浆压力，借以提高灌浆质量；由于上部岩层经过灌浆，形成结石，下部岩层灌浆时，不易产生岩层抬动和地面冒浆等现象；分段钻灌，分段进行压水试验，压水试验的成果比较准确，有利于分析灌浆效果，估算灌浆材料的需用量。但缺点是钻灌一段以后，要待凝一定时间，才能钻灌下一段，钻孔与灌浆须交替进行，设备搬移频繁，影响施工进度。

（2）自下而上分段钻灌法。一次将孔钻到全深，然后自下而上逐段灌浆，这种方法的优缺点与自上而下分段灌浆刚好相反。一般多用在岩层比较完整或基岩上部已有足够压重不致引起地面抬动的情况。

（3）综合钻灌法。在实际工程中，通常是接近地表的岩层比较破碎，愈往下岩层愈完整。因此，在进行深孔灌浆时，可以兼取以上两种方法的优点，上部孔段采用自上而下法钻灌，下部孔段则采用自下而上法钻灌。

（4）孔口封闭灌浆法。其要点是：先在孔口镶筑不小于2m的孔口管，以便安设孔口封闭器；采用小孔径的钻孔，自上而下逐段钻孔与灌浆；上段灌后不必待凝，进行下段的钻灌，如此循环，直至终孔；可以多次重复灌浆，可以使用较高的灌浆压力。其优点是：工艺简便、成本低、效率高、灌浆效果好。其缺点是：当灌注时间较长时，容易造成灌浆管被水泥浆凝住的现象。

一般情况下，灌浆孔段的长度多控制在5~6m。如果地质条件好，岩层比较完整，段长可适当放长，但也不宜超过10m；在岩层破碎、裂隙发育的部位，段长应适当缩短，可取3~4m；而在破碎带、大裂隙等漏水严重的地段以及坝体与基岩的接触面，应单独分段进行处理。

4. 灌浆压力

灌浆压力通常是指作用在灌浆段中部的压力，灌浆压力是控制灌浆质量、提高灌浆经济效益的重要因素。确定灌浆压力的原则是：在不至于破坏基础和建筑物的前提下，尽可能采用比较高的压力。高压灌浆可以使浆液更好地压入细小缝隙内，增大浆液扩散半径，析出多余的水分，提高灌注材料的密实度。灌浆压力的大小与孔深、岩层性质、有无压重以及灌浆质量要求等有关，可参考类似工程的灌浆资料，特别是现场灌浆试验成果确定，并且在具体的灌浆施工中结合现场条件进行调整。

5. 灌浆压力的控制

在灌浆过程中，合理地控制灌浆压力和浆液稠度，是提高灌浆质量的重要保证。灌浆过程中灌浆压力的控制基本上有两种类型，即一次升压法和分级升压法。

（1）一次升压法。灌浆开始后，一次将压力升高到预定的压力，并在这个压力作用下，灌注由稀到浓的浆液。当每一级浓度的浆液注入量和灌注时间达到一定限度以后，就变换浆液配比，逐级加浓。随着浆液浓度的增加，裂隙将被逐渐充填，浆液注入率将逐渐减少，当达到结束标准时，就结束灌浆。这种方法适用于透水性不大，裂隙不甚发育，岩层比较坚硬完整的地方。

（2）分级升压法。是将整个灌浆压力分为几个阶段，逐级升压直到预定的压力。开始时，从最低一级压力起灌，当浆液注入率减少到规定的下限时，将压力升高一级，如此逐级升压，直到预定的灌浆压力。

6. 浆液稠度的控制

灌浆过程中，必须根据灌浆压力或吸浆率的变化情况，适时调整浆液的稠度，使岩层的大小缝隙既能灌饱，又不浪费。浆液稠度的变换按先稀后浓的原则控制，这是由于稀浆的流动性较好，宽细裂隙都能进浆，使细小裂隙先灌饱，而后随着浆液稠度逐渐变浓，其他较宽的裂隙也能逐步得到良好的充填。

7. 灌浆的结束条件与封孔

灌浆的结束条件，一般用两个指标来控制，一个是残余吸浆量，又称最终吸浆量，即灌到最后的限定吸浆量；另一个是闭浆时间，即在残余吸浆量不变的情况下保持设计规定压力的延续时间。

帷幕灌浆时，在设计规定的压力之下，灌浆孔段的浆液注入率小于0.4L/min时，再延续灌注60min（自上而下法）或30min（自下而上法）；或浆液注入率不大于1.0L/min时，继续灌注90min或60min，就可结束灌浆。

对于固结灌浆，其结束标准是浆液注入率不大于0.4L/min，延续时间30min，灌浆可以结束。

灌浆结束以后，应随即将灌浆孔清理干净。对于帷幕灌浆孔，宜采用浓浆灌浆法填实，再用水泥砂浆封孔；对于固结灌浆，孔深小于10m时，可采用机械压浆法进行回填封孔，即通过深入孔底的灌浆管压入浓水泥浆或砂浆，顶出孔内积水，随浆面的上升，缓慢提升灌浆管。当孔深大于10m时，其封孔与帷幕孔相同。

（五）灌浆的质量检查

基岩灌浆属于隐蔽性工程，必须加强灌浆质量的控制与检查。为此，一方面，要认真做好灌浆施工的原始记录，严格灌浆施工的工艺控制，防止违规操作；另一方面，要在一个灌浆区灌浆结束以后，进行专门性的质量检查，做出科学的灌浆质量评定。基岩灌浆的质量检查结果，是整个工程验收的重要依据。

灌浆质量检查的方法很多，常用的有：在已灌地区钻设检查孔，通过压水试验和浆液注入率试验进行检查；通过检查孔，钻取岩芯进行检查，或进行钻孔照相和孔内电视，观察孔壁的灌浆质量；开挖平洞、竖井或钻设大口径钻孔，检查人员直接进去观察检查，并在其中进行抗剪强度、弹性模量等方面的试验；利用地球物理勘探技术，测定基岩的弹性模量、弹性波速等，对比这些参数在灌浆前后的变化，借以判断灌浆的质量和效果。

四、化学灌浆

化学灌浆是在水泥灌浆基础上发展起来的新型灌浆方法。它是将有机高分子材料配制成的浆液灌入地基或建筑物的裂缝中经胶凝固化后，达到防渗、堵漏、补强、加固的目的。

它主要用于裂隙与空隙细小（0.1mm 以下），颗粒材料不能灌入，或对基础的防渗或强度有较高要求，或渗透水流的速度较大，其他灌浆材料不能封堵等情况。

（一）化学灌浆的特性

化学灌浆材料有很多品种，每种材料都有其特殊的性能，按灌浆的目的可分为防渗堵漏和补强加固两大类。属于防渗堵漏的有水玻璃、丙凝类、聚氨酯类等；属于补强加固的有环氧树脂类、甲凝类等。化学浆液有以下特性：

1. 化学浆液的黏度低，有的接近于水，有的比水还小。其流动性好，可灌性高，可以灌入水泥浆液灌不进去的细微裂隙中。

2. 化学浆液的聚合时间可以比较准确地控制，从几秒到几十分钟，有利于机动灵活地进行施工控制。

3. 化学浆液聚合后的聚合体，渗透系数很小，一般为 10^{-6}~10^{-5}cm/s，防渗效果好。

4. 有些化学浆液聚合体本身的强度及黏结强度比较高，可承受高水头。

5. 化学灌浆材料聚合体的稳定性和耐久性均较好，能抗酸、碱及微生物的侵蚀。

6. 化学灌浆材料都有一定毒性，在配制、施工过程中要十分注意防护，并切实防止对环境的污染。

（二）化学灌浆的施工

由于化学材料配制的浆液为真溶液，不存在粒状灌浆材料所存在的沉淀问题，故化学灌浆都采用纯压式灌浆。

化学灌浆的钻孔和清洗工艺及技术要求，与水泥灌浆基本相同，也遵循分序加密的原则进行钻孔灌浆。

化学灌浆的方法，按浆液的混合方式区分，有单液法灌浆和双液法灌浆。一次配制成的浆液或两种浆液组分在泵送灌注前先行混合的灌浆方法称为单液法。两种浆液组分在泵送后才混合的灌浆方法称为双液法。前者施工相对简单，在工程中使用较多。为了保持连续供浆，现在多采用电动式比例泵提供压送浆液的动力。比例泵是专用的化学灌浆设备，由两个出浆量能够任意调整，可实现按设计比例压浆的活塞泵所构成。对于小型工程和个别补强加固的部位，也可采用手压泵。

第二节　防渗墙

一、防渗墙特点

（一）适用范围较广

适用于多种地质条件，如沙土、沙壤土、粉土以及直径小于 10mm 的卵砾石土层，都可以做连续墙，对于岩石地层可以使用冲击钻成槽。

（二）实用性较强

广泛应用于水利水电、工业民用建筑、市政建设等各个领域。塑性混凝土防渗墙可以在江河、湖泊、水库堤坝中起到防渗加固作用；刚性混凝土防渗墙可以在工业民用建筑、市政建设中起到挡土、承重作用。混凝土防渗墙深度可达 100 多米。如三峡二期围堰轴线全长 1439.6m，最大高度 82.5m，最大填筑水深达 60m，最大挡水水头达 85m，防渗墙最大高度 74m。

（三）施工条件要求较宽

地下防渗墙施工时噪声低、振动小，可在较复杂条件下施工，可昼夜施工，加快施工速度。

（四）安全、可靠

地下防渗墙技术自诞生以来有了较大发展，在接头的连接技术上也有了很大进步，较好地完成了段与段之间的连接，其渗透系数可达到10～7cm/s以下。作为承重和挡土墙，可以做成刚度较大的钢筋混凝土防渗墙。

（五）工程造价较低

10cm厚的混凝土防渗墙造价约为240元/m^2，40cm厚的防渗墙造价约为430元/m^2。

二、防渗墙的作用与结构特点

（一）防渗墙的作用

防渗墙是一种防渗结构，但其实际的应用已远远超出了防渗的范围，可用来解决防渗、防冲、加固、承重及地下截流等工程问题。具体的运用主要有如下几个方面：

1. 控制闸、坝基础的渗流；
2. 控制土石围堰及其基础的渗流；
3. 防止泄水建筑物下游基础的冲刷；
4. 加固一些有病害的土石坝及堤防工程；
5. 作为一般水工建筑物基础的承重结构；
6. 拦截地下潜流，抬高地下水位，形成地下水库。

（二）防渗墙的构造特点

防渗墙的类型较多，但从其构造特点来说，主要是两类：槽孔（板）型防渗墙和桩柱型防渗墙。前者是我国水利水电工程中混凝土防渗墙的主要形式。防渗墙系垂直防渗措施，其立面布置有两种形式：封闭式与悬挂式。封闭式防渗墙是指墙体插入到基岩或相对不透水层一定深度，以实现全面截断渗流的目的。而悬挂式防渗墙，墙体只深入地层一定深度，仅能加长渗径，无法完全封闭渗流。对于高水头的坝体或重要的围堰，有时设置两道防渗墙，共同作用，按一定比例分担水头。这时应注意水头的合理分配，避免造成单道墙承受水头过大而破坏，这对另一道墙也是很危险的。

防渗墙的厚度主要由防渗要求、抗渗耐久性、墙体的应力与强度及施工设备等因素确定。其中，防渗墙的耐久性是指抵抗渗流侵蚀和化学溶蚀的性能，这两种破坏作用均与水力梯度有关。

不同的墙体材料具有不同的抗渗耐久性，其允许水力梯度值也就不同。如普通混凝土防渗墙的允许水力梯度值一般在 80~100，而塑性混凝土因其抗化学溶蚀性能较好，可达300，水力梯度值一般在 50~60。

（三）防渗性能

根据混凝土防渗墙深度、水头压力及地质条件的不同，混凝土防渗墙可以采用不同的厚度，从 0.20~1.5m 不等。目前，塑性混凝土防渗墙越来越受到重视，它是在普通混凝土中加入黏土、膨润土等掺和材料，大幅度降低水泥掺量而形成的一种新型塑性防渗墙体材料。塑性混凝土防渗墙因其弹性模量低，极限应变大，使得塑性混凝土防渗墙在荷载作用下，墙内应力和应变都很低，可提高墙体的安全性和耐久性，而且施工方便，节约水泥，降低工程成本，具有良好的变形和防渗性能。

有的工程对墙的耐久性进行了研究，粗略地计算防渗墙抗溶蚀的安全年限。根据已经建成的一些防渗墙统计，混凝土防渗墙实际承受的水力坡降可达 100。对于较浅的混凝土防渗墙在承受低水头的情况下，可以使用薄墙，厚度为 0.22~0.35m。

三、防渗墙的墙体材料

防渗墙的墙体材料，按其抗压强度和弹性模量，一般分为刚性材料和柔性材料。可在工程性质与技术经济进行比较后，选择合适的墙体材料。

刚性材料包括普通混凝土、黏土混凝土和掺粉煤灰混凝土等，其抗压强度大于 5MPa，弹性模量大于 10 000MPa。柔性材料的抗压强度则小于 5MPa，弹性模量小于 10 000MPa，包括塑性混凝土、自凝灰浆和固化灰浆等。另外，现在有些工程开始使用强度大于 25MPa 的高强混凝土，以适应高坝深基础对防渗墙的技术要求。

（一）普通混凝土

是指其强度在 7.5~20MPa，不加其他掺和料的高流动性混凝土。由于防渗墙的混凝土是在泥浆下浇筑，故要求混凝土能在自重下自行流动，并有抗离析与保持水分的性能。其坍落度一般为 18～22cm，扩散度为 34～38cm。

（二）黏土混凝土

在混凝土中掺入一定量的黏土（一般为总量的 12%～20%），不仅可以节省水泥，还可以降低混凝土的弹性模量，改变其变形性能，增加其和易性，改善其易堵性。

（三）粉煤灰混凝土

在混凝土中掺加一定比例的粉煤灰，能改善混凝土的和易性，降低混凝土发热量，提高混凝土密实性和抗侵蚀性，并具有较高的后期强度。

（四）塑性混凝土

以黏土和（或）膨润土取代普通混凝土中的大部分水泥所形成的一种柔性墙体材料。

塑性混凝土与黏土混凝土有本质区别，因为后者的水泥用量降低并不多，掺黏土的主要目的是改善和易性，并未过多改变弹性模量。塑性混凝土的水泥用量仅为 80～100kg/ml 使得其强度低，特别是弹性模量值低到与周围介质（基础）相接近。这时，墙体适应变形的能力大大提高，几乎不产生拉应力，减少了墙体出现开裂现象的可能性。

（五）自凝灰浆

是在固壁浆液（以膨润土为主）中加入水泥和缓凝剂所制成的一种灰浆。凝固前作为造孔用的固壁泥浆，槽孔造成后则自行凝固成墙。

（六）固化灰浆

在槽锻造孔完成后，向固壁的泥浆中加入水泥等固化材料，沙子、粉煤灰等掺和料，水玻璃等外加剂，经机械搅拌或压缩空气搅拌后，凝固成墙体。

四、防渗墙的施工工艺

槽孔（板）型的防渗墙，是由一段段槽孔套接而成的地下墙。尽管在应用范围、构造形式和墙体材料等方面存在各种类型的防渗墙，但其施工程序与工艺是类似的，主要包括：①造孔前的准备工作；②泥浆固壁与造孔成槽；③终孔验收与清孔换浆；④槽孔浇筑；⑤全墙质量验收等过程。

（一）造孔准备

造孔前准备工作是防渗墙施工的一个重要环节。

必须根据防渗墙的设计要求和槽孔长度的划分，做好槽孔的测量定位工作，并在此基础上设置导向槽。

导向槽的作用是：导墙是控制防渗墙各项指标的基准，导墙和防渗墙的中心线必须一致，导墙宽度一般比防渗墙的宽度多3~5cm，它指示挖槽位置，为挖槽起导向作用；导墙竖向面的垂直度是决定防渗墙垂直度的首要条件。导墙顶部应平整，保证导向钢轨的架设和定位；导墙可防止槽壁顶部坍塌，保持泥浆压力，防止坍塌和阻止废浆脏水倒流入槽，保证地面土体稳定，在导墙之间每隔1~3m加设临时木支撑；导墙经常承受灌注混凝土的导管、钻机等静、动荷载，可以起到重物支承台的作用；特别是地下水位很高的地段，为维持稳定液面，至少要高出地下水位1m；导墙内的空间有时可作为稳定液的贮藏槽。

导向槽可用木料、条石、灰拌土或混凝土制成。导向槽沿防渗墙轴线设在槽孔上方，导向槽的净宽一般等于或略大于防渗墙的设计厚度，高度以1.5~2.0m为宜。为了维持槽孔的稳定，要求导向槽底部高出地下水位0.5m以上。为了防止地表积水倒流和便于自流排浆，其顶部高程应比两侧地面略高。

钢筋混凝土导墙常用现场浇筑法。其施工顺序是：平整场地、测量位置、挖槽与处理弃土、绑扎钢筋、支模板、灌注混凝土、拆模板并设横撑、回填导墙外侧空隙并碾压密实。

导墙的施工接头位置，应与防渗墙的施工接头位置错开。另外还可设置插铁以保持导墙的连续性。

导向槽安设好后，在槽侧铺设造孔钻机的轨道，安装钻机，修筑运输道路，架设动力和照明路线以及供水供浆管路，做好排水排浆系统，并向槽内充灌泥浆，保持泥浆液面在槽顶以下30~50cm。做好这些准备工作以后，就可开始造孔。

（二）固壁泥浆和泥浆系统

在松散透水的地层和坝（堰）体内进行造孔成墙，如何维持槽孔孔壁的稳定是防渗墙施工的关键技术之一。工程实践表明，泥浆固壁是解决这类问题的主要方法。泥浆固壁的原理是：由于槽孔内的泥浆压力要高于地层的水压力，使泥浆渗入槽壁介质中，其中较细的颗粒进入空隙，较粗的颗粒附在孔壁上，形成泥皮。泥皮对地下水的流动形成阻力，使槽孔内的泥浆与地层被泥皮隔开。泥浆一般具有较大的密度，所产生的侧压力通过泥皮作用在孔壁上，就保证了槽壁的稳定。

泥浆除了固壁作用外，在造孔过程中，还有悬浮和携带岩屑、冷却润滑钻头的作用；成墙以后，渗入孔壁的泥浆和胶结在孔壁的泥皮，还对防渗起辅助作用。由于泥浆的特殊重要性，在防渗墙施工中，国内外工程对于泥浆的制浆土料、配比以及质量控制等方面均有严格的要求。

泥浆的制浆材料主要有膨润土、黏土、水以及改善泥浆性能的掺和料，如加重剂、增黏剂、分散剂和堵漏剂等。制浆材料通过搅拌机进行拌制，经筛网过滤后，放入专用储浆池备用。

我国根据大量的工程实践，提出制浆土料的基本要求是黏粒含量大于50%，塑性指数大于20，含砂量小于5%，氧化硅与三氧化二铝含量的比值以3~4为宜。配制而成的泥浆，其性能指标，应根据地层特性、造孔方法和泥浆用途等，通过试验选定。

（三）造孔成槽

造孔成槽工序约占防渗墙整个施工工期的一半。槽孔的精度直接影响防渗墙的质量。选择合适的造孔机具与挖槽方法对于提高施工质量、加快施工速度至关重要。混凝土防渗墙的发展和广泛应用，也是与造孔机具的发展和造孔挖槽技术的改进密切相关的。

用于防渗墙开挖槽孔的机具，主要有冲击钻机、回转钻机、钢绳抓斗及液压铣槽机等。它们的工作原理、适用的地层条件及工作效率有一定差别。对于复杂多样的地层，一般要多种机具配套使用。

进行造孔挖槽时，为了提高工效，通常要先划分槽段，然后在一个槽段内，划分主孔和副孔，采用钻劈法、钻抓法或分层钻进等方法成槽。

各种造孔挖槽的方法，都采用泥浆固壁，在泥浆液面下钻挖成槽的。在造孔过程中，要严格按操作规程施工，防止掉钻、卡钻、埋钻等事故发生；必须经常注意泥浆液面的稳定，发现严重漏浆，要及时补充泥浆，采取有效的止漏措施；要定时测定泥浆的性能指标，并控制在允许范围以内；应及时排除废水、废浆、废渣，不允许在槽口两侧堆放重物，以免影响工作，甚至造成孔壁坍塌；要保持槽壁平直，保证孔位、孔斜、孔深、孔宽以及槽孔搭接厚度、嵌入基岩的深度等满足规定的要求，防止漏钻漏挖和欠钻欠挖。

（四）终孔验收和清孔换浆

终孔验收的项目和要求，见表 2-2。验收合格方准进行清孔换浆。清孔换浆的目的是在混凝土浇筑前，对留在孔底的沉渣进行清除，换上新鲜泥浆，以保证混凝土和不透水地层连接的质量。清孔换浆应该达到的标准是：经过 1h 后，孔底淤积厚度不大于 10cm，孔内泥浆密度不大于 1.3，黏度不大于 30s，含砂量不大于 10%。一般要求清孔换浆以后 4h 内开始浇筑混凝土。如果不能按时浇筑，应采取措施，防止落淤；否则，在浇筑前要重新清孔换浆。

表 2-2 防渗墙终孔验收项目及要求

终孔验收项目	终孔验收要求	终孔验收项目	终孔验收要求
槽位允许偏差	±3cm	一、二期槽孔搭接孔位中心偏差	≤1/3 设计墙厚
槽宽要求	≥设计墙厚	槽孔水平断面上	没有梅花孔、小墙
槽孔孔斜	≤4‰	槽孔嵌入基岩深度	满足设计要求

（五）墙体浇筑

防渗墙的混凝土浇筑和一般混凝土浇筑不同，是在泥浆液面下进行的。泥浆下浇筑混凝土的主要特点是：

第一，不允许泥浆与混凝土掺混形成泥浆夹层；

第二，确保混凝土与基础以及一、二期混凝土之间的结合；

第三，连续浇筑，一气呵成。

泥浆下浇筑混凝土常用直升导管法。清孔合格后，立即下设钢筋笼、预埋管、导管和观测仪器。导管由若干节管径 20~25cm 的钢管连接而成，沿槽孔轴线布置，相邻导管的间距不宜大于 3.5m，一期槽孔两端的导管距端面以 1.0~1.5m 为宜，开浇时导管口距孔底 10~25cm，把导管固定在槽孔口。当孔底高差大于 25cm 时，导管中心应布置在该导管控制范围的最低处。这样布置导管，有利于全槽混凝土面的均衡上升，有利于一、二期混凝土的结合，并可防止混凝土与泥浆掺混。槽孔浇筑应严格遵循先深后浅的顺序，即从最深的导管开始，由深到浅一个一个导管依次开浇，待全槽混凝土面浇平以后，再全槽均衡上升。

每个导管开浇时，先下入导注塞，并在导管中灌入适量的水泥砂浆，准备好足够数量的混凝土，将导注塞压到导管底部，使管内泥浆挤出管外。然后将导管稍微上提，使导注塞浮出，一举将导管底端被泻出的砂浆和混凝土埋住，保证后续浇筑的混凝土不至于与泥浆掺混。

在浇筑过程中，应保证连续供料，一气呵成；保持导管埋入混凝土的深度不小于 1m；维持全槽混凝土面均衡上升，上升速度不应小于 2m/h，高差控制在 0.5m 范围内。

混凝土上升到距孔口 10m 左右，常因沉淀砂浆含砂量大，稠度增浓，压差减小，增加浇筑困难。这时可用空气吸泥器、砂泵等抽排浓浆，以便浇筑顺利进行。

浇筑过程中应注意观测，做好混凝土面上升的记录，防止堵管、埋管、导管漏浆和泥浆掺混等事故的发生。

五、防渗墙的质量检查

对混凝土防渗墙的质量检查应按规范及设计要求进行，主要有如下几个方面：

第一，槽孔的检查，包括几何尺寸和位置、钻孔偏斜、入岩深度等。

第二，清孔检查，包括槽段接头、孔底淤积厚度、清孔质量等。

第三，混凝土质量的检查，包括原材料、新拌料的性能、硬化后的物理力学性能等。

第四，墙体的质量检测，主要通过钻孔取芯、超声波及地震透射层析成像（CT）技术等方法全面检查墙体的质量。

第三节　砂砾石地基处理

一、砂砾石地基灌浆

（一）砂砾石地基的可灌性

砂砾石地基的可灌性是指砂砾石地基能否接受灌浆材料灌入的一种特性，是决定灌浆效果的先决条件。其主要取决于地层的颗粒级配、灌浆材料的细度、灌浆压力和灌浆工艺等。

$$M = \frac{D_{15}}{d_{85}} \qquad (2-1)$$

式中　M——可灌比；

D_{15}——砂砾石地层颗粒级配曲线上含量为15%的粒径，mm；

d_{85}——灌浆材料颗粒级配曲线上含量为85%的粒径，mm。

可灌比M越大，接受颗粒灌浆材料的可灌性越好。一般M＝10～15时，可以灌注水泥黏土浆；当M≥15时，可以灌水泥浆。

（二）灌浆材料

多用水泥黏土浆液。一般水泥和黏土的比例为1∶1～1∶4，水和干料的比例为1∶1～1∶6。

（三）钻灌方法

沙砾石地基的钻孔灌浆方法有：①打管灌浆；②套管灌浆；③循环钻灌；④预埋花管灌浆等。

1. 打管灌浆

打管灌浆就是将带有灌浆花管的厚壁无缝钢管，直接打入受灌地层中，并利用它进行灌浆。其程序是：先将钢管打入到设计深度，再用压力水将管内冲洗干净，然后用灌浆泵灌浆，或利用浆液自重进行自流灌浆。灌完一段以后，将钢管起拔一个灌浆段高度，再进行冲洗和灌浆，如此自下而上，拔一段灌一段，直到结束。

这种方法设备简单，操作方便，适用于砂砾石层较浅、结构松散、颗粒不大、容易打管和起拔的场合。用这种方法所灌成的帷幕，防渗性能较差，多用于临时性工程（如围堰）。

2. 套管灌浆

套管灌浆的施工程序是一边钻孔，一边跟着下护壁套管。或者，一边打设护壁套管，一边冲淘管内的沙砾石，直到套管下到设计深度。然后将钻孔冲洗干净，下入灌浆管，起拔套管到第一灌浆段顶部，安好止浆塞，对第一段进行灌浆。如此自下而上，逐段提升灌浆管和套管，逐段灌浆，直到结束。

采用这种方法灌浆，由于有套管护壁，不会产生第二段灌浆坍孔埋钻等事故。但是，在灌浆过程中，浆液容易沿着套管外壁向上流动，甚至产生地表冒浆。如果灌浆时间较长，则又会胶结套管，造成起拔的困难。

3. 循环钻灌

循环钻灌是一种自上而下，钻一段灌一段，钻孔与灌浆循环进行的施工方法。钻孔时用黏土浆或最稀一级水泥黏土浆固壁。钻孔长度，也就是灌浆段的长度，视孔壁稳定和砂砾石层渗漏程度而定，容易坍孔和渗漏严重的地层，分段短一些，反之则长一些，一般为1~2m。灌浆时可利用钻杆作灌浆管。

用这种方法灌浆，做好孔口封闭，是防止地面抬动和地表冒浆，提高灌浆质量的有效措施。

4. 预埋花管灌浆

预埋花管灌浆的施工程序：

（1）用回转式钻机或冲击钻钻孔，跟着下护壁套管，一次直达孔的全深；

（2）钻孔结束后，立即进行清孔，清除孔壁残留的石渣；

（3）在套管内安设花管，花管的直径一般为73~108mm，沿管长每隔33~50cm钻一排3~4个射浆孔，孔径1cm，射浆孔外面用橡皮箍紧。花管底部要封闭严密牢固，按设花管要垂直对中，不能偏在套管的一侧。

（4）在花管与套管之间灌注填料，边下填料边起拔套管，连续灌注，直到全孔填满套管拔出为止。

（5）填料待凝10d左右，达到一定强度，严密牢固地将花管与孔壁之间的环形圈封闭起来。

（6）在花管中下入双栓灌浆塞，灌浆塞的出浆孔要对准花管上准备灌浆的射浆孔。然后用清水或稀浆逐渐升压，压开花管上的橡皮圈，压穿填料，形成通路，为浆液进入砂砾石层创造条件，称为开环。开环以后，继续用稀浆或清水灌注5~10min，再开始灌浆。每排射浆孔就是一个灌浆段。灌完一段，移动双栓灌浆塞，使其出浆孔对准另一排射浆孔，进行另一灌浆段的开环灌浆。由于双栓灌浆塞的构造特点，可以在任一灌浆段进行开环灌浆，必要时还可以进行复灌，比较机动灵活。

用预埋花管法灌浆，由于有填料阻止浆液沿孔壁和管壁上升，很少发生冒浆、串浆现象，灌浆压力可相对提高，灌浆比较机动，可以重复灌浆，对灌浆质量较有保证。国内外比较重要的沙砾石层灌浆，多采用这种方法，其缺点是花管被填料胶结以后，不能起拔，耗用管材较多。

二、水泥土搅拌桩

近几年，在处理淤泥、淤泥质土、粉土、粉质黏土等软弱地基时，经常采用深层搅拌桩进行复合地基加固处理。深层搅拌是利用水泥类浆液与原土通过叶片强制搅拌形成墙体的技术。

（一）技术特点

多头小直径深层搅拌桩机的问世，使防渗墙的施工厚度变为8~45cm，在江苏、湖北、江西、山东、福建等省广泛应用并已取得很好的社会效益。该技术使各副钻孔搭接形成墙体，使排柱式水泥土地下墙的连续性、均匀性都有大幅度的提高。从现场检测结果看：墙体搭接均匀、连续整齐、美观、墙体垂直偏差小，满足搭接要求。该施工法适用于黏土、粉质黏土、淤泥质土以及密实度中等以下的砂层，且施工进度和质量不受地下水位的影响。从浆液搅拌混合后形成“复合土”的物理性质分析，这种复合土属于“柔性”物质，从防渗墙的开挖过程中还可以看到，防渗墙与原地基土无明显的分界面，即“复合土”与周边土胶结良好。因而，目前防洪堤的垂直防渗处理，在墙身不大于18m的条件下优先选用深层搅拌桩水泥土防渗墙。

（二）防渗性能

防渗墙的功能是截渗或增加渗径，防止堤身和堤基的渗透破坏。影响水泥搅拌桩渗透性的因素主要有流体本身的性质、水泥搅拌土的密度、封闭气泡和孔隙的大小及分布。因此，从施工工艺上看，防渗墙的完整性和连续性是关键，当墙厚不小于20cm时，成墙28d后渗透系数$K<10^{-6}cm/s$，抗压强度$R>0.5MPa$。

（三）复合地基

当水泥土搅拌桩用来加固地基，形成复合地基用以提高地基承载力时，应符合以下规定：

（1）竖向承载搅拌桩的长度应根据上部结构对承载力和变形的要求确定，并应穿透软弱土层到达承载力相对较高的土层；设置的搅拌桩同时为提高抗滑稳定性时，其桩长应超过危险滑弧2.0m以上。干法的加固深度不宜大于15m；湿法及型钢水泥土搅拌墙（桩）的加固深度应考虑机械性能的限制。单头、双头加固深度不宜大于20m，多头及型钢水泥土搅拌墙（桩）的深度不宜超过35m。

（2）竖向承载力水泥土搅拌桩复合地基的承载力特征值应通过现场单桩或多桩复合地基荷载试验确定。初步设计时也可按《建筑地基处理技术规范》（JGJ 79-2012）的相关公式进行估算。

（3）竖向承载搅拌桩复合地基中的桩长超过 10m 时，可采用变掺量设计。在全桩水泥总掺量不变的前提下，桩身上部 1/3 桩长范围内可适当增加水泥掺量及搅拌次数；桩身下部 1/3 桩长范围内可适当减少水泥掺量。

（4）竖向承载搅拌桩的平面布置可根据上部结构特点及对地基承载力和变形的要求，采用柱状、壁状、格栅状或块状等加固形式。桩可只在刚性基础平面范围内布置，独立基础下的桩数不宜少于 3 根。柔性基础应通过验算在基础内、外布桩。柱状加固可采用正方形、等边三角形等布桩形式。

三、高压喷射灌浆

高压喷射灌浆是利用钻机造孔，然后将带有特制合金喷嘴的灌浆管下到地层预定位置，以高压把浆液或水、气高速喷射到周围地层，对地层介质产生冲切、搅拌和挤压等作用，同时被浆液置换、充填和混合，待浆液凝固后，就在地层中形成一定形状的凝结体。高压喷射灌浆是利用旋喷机具造成旋喷桩以提高地基的承载能力，也可以作联锁桩施工或定向喷射成连续墙用于防渗。可适用于砂土、黏性土、淤泥等地基的加固，对砂卵石（最大粒径小于 20cm）的防渗也有较好的效果。

通过各孔凝结体的连接，形成板式或墙式的结构，不仅可以提高基础的承载力，而且成为一种有效的防渗体。由于高压喷射灌浆具有对地层条件适用性广、浆液可控性好、施工简单等优点，近年来在国内外都得到了广泛应用。

（一）技术特点

高压喷射灌浆防渗加固技术适用于软弱土层，包括第四纪冲积层、洪积层、残积层以及人工填土等。实践证明，对砂类土、黏性土、黄土和淤泥等土层，效果较好。对粒径过大和含量过多的砾卵石以及有大量纤维质的腐殖土地层，一般应通过现场试验确定施工方法，对含有粒径 2～20cm 的砂砾石地层，在强力的升扬置换作用下，仍可实现浆液包裹作用。

高压喷射灌浆不仅在黏性土层、砂层中可用，在砂砾卵石层中也可用。经过多年的研究和工程试验证明，只要控制措施和工艺参数选择得当，在各种松散地层均可采用，以烟台市夹河地下水库工程为例，采用高喷灌浆技术的半圆相向对喷和双排摆喷菱形结构的新的施工方案，成功地在夹河卵砾石层中构筑了地下水库截渗坝工程。

该技术具有可灌性、可控性好，接头连接可靠，平面布置灵活，适应地层广，深度较大，对施工场地要求不高等特点。

（二）高压喷射灌浆作用

高压喷射灌浆的浆液以水泥浆为主，其压力一般在10～30MPa，它对地层的作用和机理有如下几个方面：

1. 冲切掺搅作用。高压喷射流通过对原地层介质的冲击、切割和强烈扰动，使浆液扩散充填地层，并与土石颗粒掺混搅和，硬化后形成凝结体，从而改变原地层结构和组分，达到防渗加固的目的。

2. 升扬置换作用。随高压喷射流喷出的压缩空气，不仅对射流的能量有维持作用，而且造成孔内空气扬水的效果，使冲击切割下来的地层细颗粒和碎屑升扬至孔口，空余部分由浆液代替，起到了置换作用。

3. 挤压渗透作用。高压喷射流的强度随射流距离的增加而衰减，至末端虽不能冲切地层，但对地层仍能产生挤压作用；同时，喷射后的静压浆液对地层还产生渗透凝结层，有利于进一步提高抗渗性能。

4. 位移握裹作用。对于地层中的小块石，由于喷射能量大，以及升扬置换作用，浆液可填满块石四周空隙，并将其握裹；对大块石或块石集中区，如降低提升速度，提高喷射能量，可以使块石产生位移，浆液便渗入到空（孔）隙中去。

总之，在高压喷射、挤压、余压渗透以及浆气升串的综合作用下，产生握裹凝结作用，从而形成连续和密实的凝结体。

（三）防渗性能

在高压喷射流的作用下切割土层，被切割下来的土体与浆液搅拌混合，进而固结，形成防渗板墙。不同地层及施工方式形成的防渗体结构体的渗透系数稍有差别，一般说来其渗透系数小于10^{-7}cm/s。

（四）高压喷射凝结体

1. 凝结体的形式

凝结体的形式与高压喷射方式有关。常见有三种：

（1）喷嘴喷射时，边旋转边垂直提升，简称旋喷，可形成圆柱形凝结体；

（2）喷嘴的喷射方向固定，则称定喷，可形成板状凝结体；

（3）喷嘴喷射时，边提升边摆动，简称摆喷，形成哑铃状或扇形凝结体。

为了保证高压喷射防渗板（墙）的连续性与完整性，必须使各单孔凝结体在其有效范围内相互可靠连接，这与设计的结构布置形式及孔距有很大关系。

2. 高压喷射灌浆的施工方法

目前，高压喷射灌浆的基本方法有单管法、二管法、三管法及多管法等几种，它们各有特点，应根据工程要求和地层条件选用。

（1）单管法。采用高压灌浆泵以大于2.0MPa的高压将浆液从喷嘴喷出，冲击、切割周围地层，并产生搅和、充填作用，硬化后形成凝结体。该方法施工简易，但有效范围小。

（2）双管法。有两个管道，分别将浆液和压缩空气直接射入地层，浆压达45~50MPa，气压1~1.5MPa。由于射浆具有足够的射流强度和比能，易于将地层加压密实。这种方法工效高，效果好，尤其适合处理地下水丰富、含大粒径块石及孔隙率大的地层。

（3）三管法。用水管、气管和浆管组成喷射杆，水、气的喷嘴在上，浆液的喷嘴在下。随着喷射杆的旋转和提升，先有高压水和气的射流冲击扰动地层，再以低压注入浓浆进行掺混搅拌。常用参数为：水压38~40MPa，气压0.6~0.8MPa，浆压0.3~0.5MPa。

如果将浆液也改为高压（浆压达20~30MPa）喷射，浆液可对地层进行二次切割、充填，其作用范围就更大。

（4）多管法。其喷管包含输送水、气、浆管，泥浆排出管和探头导向管。采用超高压水射流（40MPa）切削地层，所形成的泥浆由管道排出，用探头测出地层中形成的空间，最后由浆液、砂浆、砾石等置换充填。多管法可在地层中形成直径较大的柱状凝结体。

（五）施工程序与工艺

高压喷射灌浆的施工程序主要有造孔，下喷射管，喷射提升（旋转或摆动），最后成桩或墙。

1. 造孔

在软弱透水的地层进行造孔，应采用泥浆固壁或跟管（套管法）的方法确保成孔。造孔机具有回转式钻机、冲击式钻机等。目前用得较多的是立轴式液压回转钻机。

为保证钻孔质量，孔位偏差应不大于1~2cm，孔斜率小于1%。

2. 下喷射管

用泥浆固壁的钻孔，可以将喷射管直接下入孔内，直到孔底。用跟管钻进的孔，可在拔管前向套管内注入密度大的塑性泥浆，边拔边注，并保持液面与孔口齐平，直至套管拔出，再将喷射管下到孔底。

将喷嘴对准设计的喷射方向，不偏斜，是确保喷射灌浆成墙的关键。

3. 喷射灌浆

根据设计的喷射方法与技术要求，将水、气、浆送入喷射管，喷射1~3min，待注入的浆液冒出后，按预定的速度自上而下边喷射边转动、摆动，逐渐提升到设计高度。

进行高压喷射灌浆的设备由造孔、供水、供气、供浆和喷灌等五大系统组成。

4. 施工要点

（1）管路、旋转活接头和喷嘴必须拧紧，达到安全密封；高压水泥浆液、高压水和压缩空气各管路系统均应不堵不漏不串。设备系统安装后，必须经过运行试验，试验压力达到工作压力的1.5~2.0倍。

（2）旋喷管进入预定深度后，应先进行试喷，待达到预定压力、流量后，再提升旋喷。中途发生故障，应立即停止提升和旋喷，以防止桩体中断。同时进行检查，排除故障。若发现浆液喷射不足，影响桩体质量时，应进行复喷。施工中应做好详细记录。旋喷水泥浆应严格过滤，防止水泥结块和杂物堵塞喷嘴及管路。

（3）旋喷结束后要进行压力注浆，以补填桩柱凝结收缩后产生的顶部空穴。每次施工完毕后，必须立即用清水冲洗旋喷机具和管路，检查磨损情况，如有损坏零部件应及时更换。

（六）旋喷桩的质量检查

旋喷桩的质量检查通常采取钻孔取样、贯入试验、荷载试验或开挖检查等方法。对于防渗的联锁桩、定喷桩，应进行渗透试验。

第四节 灌注桩工程

灌注桩是先用机械或人工成孔，然后再下钢筋笼后灌注混凝土形成的基桩。其主要作用是提高地基承载力、侧向支撑等。

根据其承载性状可分为摩擦型桩、端承摩擦桩、端承型桩及摩擦端承桩；根据其使用功能分为竖向抗压桩、竖向抗拔桩、水平受荷桩、复合受荷桩；根据其成孔形式主要分为冲击成孔灌注桩、冲抓成孔灌注桩、回转钻成孔灌注桩、潜水钻成孔灌注桩和人工挖扩成孔灌注桩等。

一、灌注桩的适应地层

第一，冲击成孔灌注桩：适用于黄土、黏性土或粉质黏土和人工杂填土层中应用，特别适合于有孤石的砂砾石层、漂石层、硬土层、岩层中使用，对流砂层亦可克服，但对淤泥及淤泥质土，则应慎重使用。

第二，冲抓成孔灌注桩：适用于一般较松软黏土、粉质黏土、砂土、砂砾层以及软质岩层应用。

第三，回转钻成孔灌注桩：适用于地下水位较高的软、硬土层，如淤泥、黏性土、砂土、软质岩层。

第四，潜水钻成孔灌注桩：适用于地下水位较高的软、硬土层，如淤泥、淤泥质土、黏土、粉质黏土、砂土、砂夹卵石及风化页岩层中使用，不得用于漂石。

第五，人工扩挖成孔灌注桩：适用于地下水位较低的软、硬土层，如淤泥、淤泥质土、黏土、粉质黏土、砂土、砂夹卵石及风化页岩层中使用。

二、桩型的选择

桩型与工艺选择应根据建筑结构类型、荷载性质、桩的使用功能、穿越土层、桩端持力层土类、地下水位、施工设备、施工环境、施工经验、制桩材料供应条件等，选择经济合理、安全适用的桩型和成桩工艺。排列基桩时，宜使桩群承载力合力点与长期荷载重心重合，并使桩基受水平力和力矩较大方向有较大的截面模量。

三、设计原则

桩基采用以概率理论为基础的极限状态设计法，以可靠指标度量桩基的可靠度，采用以分项系数表达的极限状态设计表达式进行计算。按两类极限状态进行设计：承载能力极限状态和正常使用极限状态。

（一）设计等级

根据建筑规模、功能特征、对差异变形的适应性、场地地基和建筑物体型的复杂性以及由于桩基问题可能造成建筑破坏或影响正常使用的程度，应将桩基设计分为三个设计等级。

甲级：重要的建筑；30层以上或高度超过100m的高层建筑；体型复杂且层数相差超过10层的高低层（含纯地下室）连体建筑；20层以上框架-核心筒结构及其他对差异沉降有特殊要求的建筑；场地和地基条件复杂的7层以上的一般建筑及坡地、岸边建筑；对相邻既有工程影响较大的建筑。

乙级：除甲级、丙级以外的建筑。

丙级：场地和地基条件简单、荷载分布均匀的7层及7层以下的一般建筑。

（二）桩基承载能力计算

应根据桩基的使用功能和受力特征分别进行桩基的竖向承载力计算和水平承载力计算；应对桩身和承台结构承载力进行计算；对于桩侧土不排水抗剪强度小于10kPa，且长径比大于50的桩应进行桩身压屈验算；对于混凝土预制桩应按吊装、运输和锤击作用进行桩身承载力验算；对于钢管桩应进行局部压屈验算；当桩端平面以下存在软弱下卧层时，应进行软弱下卧层承载力验算；对位于坡地、岸边的桩基应进行整体稳定性验算；对于抗浮、抗拔桩基，应进行基桩和群桩的抗拔承载力计算；对于抗震设防区的桩基应进行抗震承载力验算。

（三）桩基沉降计算

设计等级为甲级的非嵌岩桩和非深厚坚硬持力层的建筑桩基；设计等级为乙级的体型复杂、荷载分布显得不均匀或桩端平面以下存在软弱土层的建筑桩基；软土地基多层建筑减沉复合疏桩基础。

四、灌注桩设计

（一）桩体

1. 配筋率：当桩身直径为300~2 000mm时，正截面配筋率可取0.65%~0.2%（小直径桩取高值）；对受荷载特别大的桩、抗拔桩和嵌岩端承桩应根据计算确定配筋率，并不应小于上述规定值。

2. 配筋长度：

（1）端承型桩和位于坡地岸边的基桩应沿桩身等截面或变截面通长配筋；

（2）桩径大于 600mm 的摩擦型桩配筋长度不应小于 2/3 桩长；当受水平荷载时，配筋长度尚不宜小于 $4.0/\alpha$（α 为桩的水平变形系数）；

（3）对于受地震作用的基桩，桩身配筋长度应穿过可液化土层和软弱土层，进入稳定土层的深度不应小于相关规定的深度；

（4）受负摩阻力的桩、因先成桩后开挖基坑而随地基土回弹的桩，其配筋长度应穿过软弱土层并进入稳定土层，进入的深度不应小于 2~3 倍桩身直径；

（5）专用抗拔桩及因地震作用、冻胀或膨胀力作用而受拔力的桩，应等截面或变截面通长配筋。

3. 对于受水平荷载的桩，主筋不应小于 8φ12；对于抗压桩和抗拔桩，主筋不应少于 6φ10；纵向主筋应沿桩身周边均匀布置，其净距不应小于 60mm。

4. 箍筋应采用螺旋式，直径不应小于 6mm，间距宜为 200~300mm；受水平荷载较大的桩基、承受水平地震作用的桩基以及考虑主筋作用计算桩身受压承载力时，桩顶以下 5d 范围内的箍筋应加密，间距不应大于 100mm；当桩身位于液化土层范围内时箍筋应加密；当考虑箍筋受力作用时，箍筋配置应符合现行国家标准《混凝土结构设计规范（2015 年版）》（GB 50010-2010）的有关规定；当钢筋笼长度超过 4m 时，应每隔 2m 设一道直径不小于 12mm 的焊接加劲箍筋。

5. 桩身混凝土及混凝土保护层厚度应符合下列要求：

（1）桩身混凝土强度等级不得小于 C25，混凝土预制桩尖强度等级不得小于 C30；

（2）灌注桩主筋的混凝土保护层厚度不应小于 35mm，水下灌注桩的主筋混凝土保护层厚度不得小于 50mm。

（二）承台

1. 桩基承台的构造，应满足抗冲切、抗剪切、抗弯承载力和上部结构要求，尚应符合：独立柱下桩基承台的最小宽度不应小于 500mm，边桩中心至承台边缘的距离不应小于桩的直径或边长，且桩的外边缘至承台边缘的距离不应小于 150mm。对于墙下条形承台梁，桩的外边缘至承台梁边缘的距离不应小于 75mm。承台的最小厚度不应小于 300mm。

2. 桩与承台的连接构造应符合下列规定：

（1）桩嵌入承台内的长度，对中等直径桩不宜小于 50mm；对大直径桩不宜小于 100mm；

（2）混凝土桩的桩顶纵向主筋应锚入承台内，其锚入长度不宜小于 35 倍纵向主筋直径；

（3）对于抗拔桩，桩顶纵向主筋的锚固长度应按现行国家标准《混凝土结构设计规范（2015年版）》（GB 50010-2010）确定；

（4）对于大直径灌注桩，当采用一柱一桩时可设置承台或将桩与柱直接连接。

3. 承台与承台之间的连接构造应符合下列规定：

（1）一柱一桩时，应在桩顶两个主轴方向上设置联系梁。当桩与柱的截面直径之比大于2时，可不设联系梁；

（2）两桩桩基的承台，应在其短向设置联系梁；

（3）有抗震设防要求的柱下桩基承台，宜沿两个主轴方向设置联系梁；

（4）联系梁顶面宜与承台顶面位于同一标高。联系梁宽度不宜小于250mm，其高度可取承台中心距的1/10~1/15，且不宜小于400mm；

（5）联系梁配筋应按计算确定，梁上下部配筋不宜小于2根直径12mm钢筋；位于同一轴线上的联系梁纵筋宜通长配置。

4. 柱与承台的连接构造应符合下列规定：

（1）对于一柱一桩基础，柱与桩直接连接时，柱纵向主筋锚入桩身内长度不应小于35倍纵向主筋直径；

（2）对于多桩承台，柱纵向主筋应锚入承台不应小于35倍纵向主筋直径；当承台高度不满足锚固要求时，竖向锚固长度不应小于20倍纵向主筋直径，并向柱轴线方向呈90°弯折；

（3）当有抗震设防要求时，对于一、二级抗震等级的柱，纵向主筋锚固长度应乘以1.15的系数；对于三级抗震等级的柱，纵向主筋锚固长度应乘以1.05的系数。

五、施工前的准备工作

（一）施工现场

施工前应根据施工地点的水文、工程地质条件及机具、设备、动力、材料、运输等情况，布置施工现场。

1. 场地为旱地时，应平整场地、清除杂物、换除软土、夯打密实。钻机底座应布置在坚实的填土上。

2. 场地为陡坡时，可用木排架或枕木搭设工作平台。平台应牢固可靠，保证施工顺利进行。

3. 场地为浅水时，可采用筑岛法，岛顶平面应高出水面1~2m。

4. 场地为深水时，根据水深、流速、水位涨落、水底地层等情况，采用固定式平台或浮动式钻探船。

（二）灌注桩的试验（试桩）

灌注桩正式施工前，应先打试桩。试验内容包括：荷载试验和工艺试验。

1. 试验目的。选择合理的施工方法、施工工艺和机具设备；验证明桩的设计参数，如桩径和桩长等；鉴定或确定桩的承载能力和成桩质量能否满足设计要求。

2. 试桩施工方法。试桩所用的设备与方法，应与实际成孔成桩所用者相同；一般可用基桩做试验或选择有代表性的地层或预计钻进困难的地层进行成孔、成桩等工序的试验、着重查明地质情况，判定成孔、成桩工艺方法是否适宜；试桩的材料与截面、长度必须与设计相同。

3. 试桩数目。工艺性试桩的数目根据施工具体情况决定；力学性试桩的数目，一般不少于实际基桩总数的3%，且不少于2根。

4. 荷载试验。灌注桩的荷载试验，一般应作垂直静载试验和水平静载试验。

垂直静载试验的目的是测定桩的垂直极限承载力，测定各土层的桩侧极摩擦阻力和桩底反力，并查明桩的沉降情况。试验加载装置，一般采用油压千斤顶。千斤顶的加载反力装置可根据现场实际条件而定。一般均采用锚桩横梁反力装置。加载与沉降的测量与试验资料整理，可参照有关规定。

水平静载试验的目的是确定桩的允许水平荷载作用下的桩头变位（水平位移和转角），一般只有在设计要求时才进行。

加载方式、方法、设备、试验资料的观测、记录整理等，参照有关规定。

（三）编制施工流程图

为确保钻孔灌注桩施工质量，使施工按规定程序有序地进行作业，应编制钻孔灌注桩施工流程图。

（四）测量放样

根据建设单位提供的测量基线和水准点，由专业测量人员制作施工平面控制网。采用极坐标法对每根桩孔进行放样。为保证放样准确无误，对每根桩必须进行三次定位，即第一次定位挖、埋设护筒；第二次校正护筒；第三次在护筒上用十字交叉法定出桩位。

（五）埋设护筒

埋设护筒应准确稳定。护筒内径一般应比钻头直径稍大；用冲击或冲抓方法时，大约20cm，用回转法者，大约10cm。护筒一般有木质、钢质与钢筋混凝土三种材质。

护筒周围用黏土回填并夯实。当地基回填土松散、孔口易坍塌时，应扩大护筒坑的挖埋直径或在护筒周围填砂浆混凝土。护筒埋设深度一般为1~1.5m；对于坍塌较深的桩孔，应增加护筒埋设深度。

（六）制备泥浆

制浆用黏土的质量要求、泥浆搅拌和泥浆性能指标等，均应符合有关规定。泥浆主要性能指标：比重1.1~1.15，黏度10~25s，含砂率小于6%，胶体率大于95%，失水量小于30ml/min，pH值7~9。

泥浆的循环系统主要包括：制浆池、泥浆池、沉淀池和循环槽等。开动钻机较多时，一般采用集中制浆与供浆。用抽浆泵通过主浆管和软管向各孔桩供浆。

泥浆的排浆系统由主排浆沟、支排浆沟和泥浆沉淀池组成。沉淀池内的泥浆采用泥浆净化机净化后，由泥浆泵抽回泥浆池，以便再次利用。

废弃的泥浆与渣应按环境保护的有关规定进行处理。

六、造孔

（一）造孔方法

钻孔灌注桩造孔常用的方法有：冲击钻进法、冲抓钻进法、冲击反循环钻进法、泵吸反循环钻进法、正循环回转钻进法等，可根据具体的情况进行选用。

（二）造孔

施工平台应铺设枕木和台板，安装钻机应保持稳固、周正、水平。开钻前提钻具，校正孔位。造孔时，钻具对准测放的中心开孔钻进。施工中应经常检测孔径、孔形和孔斜，严格控制钻孔质量。出渣时，及时补给泥浆，保证钻孔内浆液面的泥浆稳定，防止塌孔。

根据地质勘探资料、钻进速度、钻具磨损程度及抽筒排出的钻渣等情况，判断换层孔深。如钻孔进入基岩，立即用样管取样。经现场地质人员鉴定，确定终孔深度。终孔验收时，桩位孔口偏差不得大于5cm，桩身垂直度偏斜应小于1%。当上述指标达到规定要求时，才能进入下一道工序施工。

（三）清孔

1. 清孔的目的。清孔的目的是抽、换孔内泥浆，清除孔内钻渣，尽量减少孔底沉淀层厚度，防止桩底存留过厚沉淀砂土而降低桩的承载力，确保灌注混凝土的质量。

终孔检查后，应立即清孔。清孔时应不断置换泥浆，直至灌注水下混凝土。

2. 清孔的质量要求。清孔的质量要求是应清除孔底所有的沉淀沙土。当技术上确有困难时，允许残留少量不成浆状的松土，其数量应按合同文件的规定。清孔后灌注混凝土前，孔底500mm以内的泥浆性能指标：含砂率为8%。比重应小于1.25，漏斗黏度不大于28s。

3. 清孔方法。根据设计要求、钻进方法、钻具和土质条件决定清孔方法。常用的清孔方法有正循环清孔、泵吸反循环清孔、空压机清孔和掏渣清孔等。

正循环清孔，适用于淤泥层、砂土层和基岩施工的桩孔。孔径一般小于800mm。其方法是在终孔后，将钻头提离孔底10~20cm空转，并保持泥浆正常循环。输入比重为1.10~1.25的较纯的新泥浆循环，把钻孔内悬浮钻渣较多的泥浆换出。根据孔内情况，清孔时间一般为4~6h。

泵吸反循环清孔，适用于孔径600~1500mm及更大的桩孔。清孔时，在终孔后停止回转，将钻具提离孔底10~20cm，反循环持续到满足清孔要求为止。清孔时间一般为8~15min。

空压机清孔，其原理与空压机抽水洗井的原理相同，适用于各种孔径、深度大于10m各种钻进方法的桩孔。一般是在钢筋笼下入孔内后，将安有进气管的导管吊入孔中。导管下入深度距沉渣面30~40cm。由于桩孔不深，混合器可以下到接近孔底以增加沉没深度。清孔开始时，应向孔内补水。清孔停止时，应先关风后断水，防止水头损失而造成塌孔。送风量由小到大，风压一般为0.5~0.7MPa。

掏渣清孔，干钻施工的桩孔，不得用循环液清除孔内虚土，应采用掏渣等或加碎石夯实的办法。

七、钢筋笼制作与安装

（一）一般要求

1. 钢筋的种类、钢号、直径应符合设计要求。钢筋的材质应进行物理力学性能或化学成分的分析试验。

2. 制作前应除锈、调直（螺旋筋除外）。主筋应尽量用整根钢筋。焊接的钢材，应作可焊性和焊接质量的试验。

3. 当钢筋笼全长超过 10m 时，宜分段制作。分段后的主筋接头应互相错开，同一截面内的接头数目不多于主筋总根数的 50%，两个接头的间距应大于 50cm。接头可采用搭接、绑条或坡口焊接。加强筋与主筋间采用点焊连接，箍筋与主筋间采用绑扎方法。

（二）钢筋笼的制作

制作钢筋笼的设备与工具有：电焊机、钢筋切割机、钢筋圈制作台和钢筋笼成型支架等。钢筋笼的制作程序如下：

1. 根据设计，确定箍筋用料长度。将钢筋成批切割好备用。

2. 钢筋笼主筋保护层厚度一般为 6~8cm。绑扎或焊接钢筋混凝土预制块，焊接环筋。环的直径不小于 10mm，焊在主筋外侧。

3. 制作好的钢筋笼在平整的地面上放置，应防止变形。

4. 按图纸尺寸和焊接质量要求检查钢筋笼（内径应比导管接头外径大 100mm 以上）。不合格者不得使用。

（三）钢筋笼的安装

钢筋笼安装用大型吊车起吊，对准桩孔中心放入孔内。如桩孔较深，钢筋笼应分段加工，在孔口处进行对接。采用单面焊缝焊接，焊缝应饱满，不得咬边夹渣。焊缝长度不小于 10d。为了保证钢筋笼的垂直度，钢筋笼在孔口按桩位中心定位，使其悬吊在孔内。

下放钢筋笼应防止碰撞孔壁。如下放受阻，应查明原因，不得强行下插。一般采用正反旋转，缓慢逐步下放。安装完毕后，经有关人员对钢筋笼的位置、垂直度、焊缝质量、箍筋点焊质量等全面进行检查验收，合格后才能下导管灌注混凝土。

八、混凝土的配置与灌注

（一）一般规定

1. 桩身混凝土按条件养护28d后应达到下列要求：

抗压强度达到相应标号的标准强度。

凝结密实，胶结良好，不得有蜂窝、空洞、裂缝、稀释、夹层和夹泥渣等不良现象。水泥砂浆与钢筋黏结良好，不得有脱黏露筋现象。

有特殊要求的混凝土或钢筋混凝土的其他性能指标，应达到设计要求。

2. 配制混凝土所用材料和配合比除应符合设计规定外，并应满足下列要求：水泥除应符合国家标准外，其按标准方法规定的初凝时间不宜小于3~4h。

桩身混凝土，容重一般为2 300~2 400kg/m^3、水泥强度等级不低于42.5，水泥用量不得少于360kg/m^3。

混凝土坍落度一般为18~22cm。

粗骨料可选用卵石或碎石，最大粒径应小于40mm，并不得大于导管的1/6~1/8和钢筋最小净距的1/3，一般用5~40mm为宜。细骨料宜采用质地坚硬的天然中、粗砂。

为使混凝土有较好的和易性，混凝土含砂率宜采用40%~45%；并宜选用中、粗砂。水灰比应小于0.5。

混凝土拌和用水，与水泥起化学作用的水达到水泥质量的15%~20%即可。多余的水只起润滑作用，即搅拌成混凝土具有和易性。混凝土灌注完毕后，多余水逐渐蒸发，在混凝土中留下小气孔，气孔越多，强度越低，因此要控制用水量。洁净的天然水和自来水都可使用。

为改善水下混凝土的工艺性能，加速施工进度和节约水泥，可在混凝土中掺入添加剂。其种类、加入量按设计要求确定。

（二）水下混凝土灌注

灌注混凝土要严格按照有关规定进行施工。混凝土灌注分为干孔灌注和水下灌注，一般均采用导管灌注法。

混凝土灌注是钻孔灌注桩的重要工序，应予特别注意。钻孔应经过质量检验合格后，才能进行灌注工作。

1. 灌注导管

灌注导管用钢管制作，导管壁厚不宜小于3mm，直径宜为200~300mm，每节导管长度，导管下部第一根为4 000~6 000mm，导管中部为1 000~2 000mm，导管上部为300~500mm。密封形式采用橡胶圈或橡胶皮垫。适用桩径为600~1 500mm。

2. 导管顶部应安装漏斗和贮料斗

漏斗安装高度应以适应操作为宜，在灌注到最后阶段时，能满足对导管内混凝土柱高度的需要，以保证上部桩身的灌注质量。混凝土柱的高度，一般在桩底低于桩孔中水面时，应比水面至少高出2m。漏斗与贮料斗应有足够的容量来贮存混凝土，以保证首批灌入的混凝土量能达到1~1.2m的埋管高度。

3. 灌注顺序

灌注前，应再次测定孔底沉渣厚度。如厚度超过规定，应再次进行清孔。当下导管时，导管底部与孔底的距离以能放出隔水碱和混凝土为原则，一般为30~50cm。桩径小于6 000mm时，可适当加大导管底部至孔底距离。

（1）首批混凝土连续不断地灌注后，应有专人测量孔内混凝土面深度，并计算导管埋置深度，一般控制在2~6m，不得小于1m或大于6m。严禁导管提出混凝土面。应及时填写水下混凝土灌注记录。如发现导管内大量进水，应立即停止灌注，查明原因，处理后再灌注。

（2）水下灌注必须连续进行，严禁中途停灌。灌注中，应注意观察管内混凝土下降和孔内水位变化情况，及时测量管内混凝土面上升高度和分段计算充盈系数（充盈系数应在1.1~1.2），不得小于1。

（3）导管提升时，不得挂住钢筋笼，可设置防护三角形加筋板或设置锥形法兰护罩。

（4）灌注将结束时，由于导管内混凝土柱高度减小，超压力降低，而导管外的泥浆及所含渣土稠度增加，比重增大。出现混凝土顶升困难时，可以小于300mm的幅度上下串动导管，但不允许横向摆动，确保灌注顺利进行。

（5）终灌时，考虑到泥浆层的影响，实灌桩顶混凝土面应高于设计桩顶0.5m以上。

（6）施工过程中，要协调混凝土配制、运输和灌注各道工序的合理配合，保证灌注连续作业和灌注质量。

九、灌注桩质量控制

混凝土灌注桩是一种深入地下的隐蔽工程，其质量不能直接进行外观检查。如果在上部工程完成后发现桩的质量问题，要采取必要的补救措施以消除隐患是非常困难的。所以在施工的全过程中，必须采取有效的质量控制措施，以确保灌注桩质量完全满足设计要求。灌注桩质量包括桩位、桩径、桩斜、桩长、桩底沉渣厚度、桩顶浮渣厚度、桩的结构、混凝土强度、钢筋笼，以及有否断桩夹泥、蜂窝、空洞、裂缝等内容。

（一）桩位控制

施工现场泥泞较多，桩位定好后，无法长期保存，护筒埋设以后尚须校对。为确保桩位质量，可采取精密测量方法，即用经纬仪定向，钢皮尺测距的办法定位。护筒埋设时，再次进行复测。采用焊制的坐标架校正护筒中心同桩位中心，保持一致。

（二）桩斜控制

埋设护筒采用护筒内径上下两端十字交叉法定心，通过两中心点，能确保护筒垂直。钻机就位后，钻杆中心悬垂线通过护筒上下两中心点，开孔定位即能确保准确、垂直。回转钻进时要匀速给进。当土层变硬时应轻压、慢给进、高转速；钻具跳动时，应轻压、低转速。必要时，采用加重块配合减压钻进。遇较大块石，可用冲抓锥处理。冲抓时提吊钢绳不能过度放松。及时测定孔斜，保证孔斜率小于 1%。发现孔斜过大，立即采取纠斜措施。

（三）桩径控制

根据地层情况，合理选择钻头直径，对桩径控制有重要作用。在黏性土层中钻进，钻孔直径应比钻头直径大 5cm 左右。随着土层中含砂量的增加，孔径可比钻头直径大 10cm。在砂层、砂卵石等松散地层，为防止坍塌掉块而造成超径现象，应合理使用泥浆。

（四）桩长控制

施工中对护筒口高程与各项设计高程都要搞清，正确进行换算。土层中钻进，锥形钻头的起始点要准确无误，根据不同土质情况进行调整。机具长度丈量要准确。冲击钻进或冲击反循环钻进要正确丈量钢绳长度，并考虑负重后的伸长值，发现错误应及时更正。

（五）桩底沉渣控制

土层、砂层或砂卵石层钻进，一般用泥浆换浆方法清孔。应合理选择泥浆性能指标，换浆时，返出钻孔的泥浆比重应小于 1.25，才能保持孔底清洁无沉渣。清孔确有困难时，

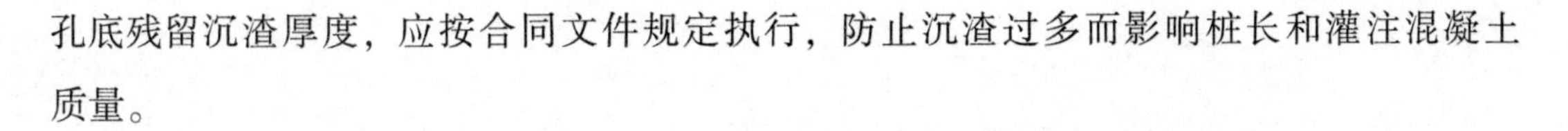

孔底残留沉渣厚度，应按合同文件规定执行，防止沉渣过多而影响桩长和灌注混凝土质量。

（六）桩顶控制

灌注的混凝土，通过导管从钻孔底部排出，把孔底的沉渣冲起并填补其空间。随着灌注的继续，混凝土柱不断升高，由于沉渣比重比混凝土小，始终浮在最上面，形成桩顶浮渣。浮渣的密实性较差，与混凝土有明显区别。当混凝土灌注至最后一斗时，应准确探明浮渣厚度，计算调整末斗混凝土容量。灌注完以后再复查桩顶高度，达到设计要求时将导管拆除，否则应补料。

（七）混凝土强度控制

根据设计配合比，进行混凝土试配，快速保养检测。对混凝土配合比设计进行必要的调整。严格按规范把好水泥、砂、石的质量关。有质量保证书的也要进行核对。

灌注过程中，经常观察分析混凝土配合比，及时测试坍落度。为节约水泥可加入适量的添加剂，减少加水量，提高混凝土强度。

严格按规定做试块，应在拌和机出料口取样，保证取样质量。

（八）桩身结构控制

制作钢筋笼不能超过规范允许的误差，包括主筋的搭接方式、长度。定心块是控制保护层厚度的主要措施，不能省略。钢筋笼的全部数据都应按隐蔽工程进行验收、记录。钢筋笼底应制成锥形，底面用环筋封端，以便顺利下放。起吊部位可增焊环筋，提高强度。起吊钢绳应放长，以减少两绳夹角，防止钢筋笼起吊时变形。确保导管密封良好，灌注时串动导管进口提高不能过多，防止夹泥、断桩等质量事故发生。如发生这些事故，应将导管全部提出，处理好以后再下入孔内。

（九）原材料控制

1. 对每批进场的钢筋应严格检查其材质证明文件，抽样复核钢筋的机械性能，各项性能指标均符合设计要求才能使用。

2. 认真检查每批进场的水泥标号、出厂日期和出厂实验报告。使用前，对出厂水泥、砂、石的性能进行复核，并做水下混凝土试验。严禁使用不合格或过期硬化水泥。

第一节　石方开挖程序和方式

一、石方开挖程序

（一）选择开挖程序的原则

从整个枢纽工程施工的角度考虑，选择合理的开挖程序，对加快工程进度具有重要作用。选择开挖程序时，应综合考虑以下原则：

第一，根据地形条件、枢纽建筑物布置、导流方式和施工条件等具体情况合理安排；

第二，把保证工程质量和施工安全作为安排开挖程序的前提。尽量避免在同一垂直空间同时进行双层或多层作业；

第三，按照施工导流、截流、拦洪度汛、蓄水发电以及施工期通航等项工程进度要求，分期、分阶段地安排好开挖程序，并注意开挖施工的连续性和考虑后续工程的施工要求；

第四，对受洪水威胁和与导、截流有关的部位，应先安排开挖；对不适宜在雨、雪天或高温、严寒季节开挖的部位，应尽量避开这种气候条件安排施工；

第五，对不良地质地段或不稳岩体岸（边）坡的开挖，必须充分重视，做到开挖程序合理、措施得当、保障施工安全。

（二）开挖程序及其适用条件

水利水电工程的基础石方开挖，一般包括岸坡和基坑的开挖。岸坡开挖一般不受季节限制；而基坑开挖则多在围堰的防护下施工，它是主体工程控制性的第一道工序。对于溢洪道或渠道等工程的开挖，如无特殊的要求，则可按渠首、闸室、渠身段、尾水消能段或边坡、底板等部位的石方做分项分段安排，并考虑其开挖程序的合理性。设计时，可结合工程本身特点，参照表 3-1 选择开挖程序。

表 3-1 石方开挖程序及其适用条件

开挖程序	安排步骤	适用条件
自上而下开挖	先开挖岸坡，后开挖基坑；或先开挖边坡后开挖底板	用于施工场地窄小、开挖量大且集中的部位
自下而上开挖	先开挖下部，后开挖上部	用于施工场地较大、岸坡（边坡）较低缓或岩石条件许可，并有可靠技术措施
上下结合开挖	岸坡与基坑或边坡与底板上下结合开挖	用于有较宽阔的施工场地和可以避开施工干扰的工程部位
分期或分段开挖	按照施工时段或开挖部位、高程等进行安排	用于分期导流的基坑开挖或有临时过水要求的工程项目

二、开挖方式

（一）基本要求

在开挖程序确定之后，根据岩石条件、开挖尺寸、工程量和施工技术要求，通过方案比较拟定合理的开挖方式。其基本要求是：

1. 保证开挖质量和施工安全；
2. 符合施工工期和开挖强度的要求；
3. 有利于维护岩体完整和边坡稳定性；
4. 可以充分发挥施工机械的生产能力；
5. 辅助工程量小。

（二）各种开挖方式的适用条件

按照破碎岩石的方法，主要有钻爆开挖和直接应用机械开挖两种施工方法。20 世纪 80 年代初，国内外出现一种用膨胀剂作破碎岩石材料的“静态破碎法”。

1. 钻爆开挖

钻爆开挖是当前广泛采用的开挖施工方法。开挖方式有薄层开挖、分层开挖（梯段开挖）、全断面一次开挖和特高梯段开挖等。其适用条件及优缺点见表 3-2。

表 3-2　钻爆法开挖适用条件及其优缺点

开挖方式	特点	适用条件	优缺点
薄层开挖	爆破规模小	一般开挖深度<4m	1. 风、水、电和施工道路布置简单 2. 钻爆灵活，不受地形条件限制 3. 生产能力低
分层开挖	按层作业	一般层厚>4m，是大方量石方开挖常用的方式	1. 几个工作面可以同时作业，生产能力高 2. 在每一分层上都需布置风、水、电和出渣道路
全断面开挖	开挖断面一次成型	用于特定条件下	1. 单一作业，集中钻爆，施工干扰小 2. 钻爆作业占用时间长
特高梯段开挖	梯段高 20m 以上	用于高陡岸坡开挖	1. 一次开挖量大，生产能力高 2. 集中出渣，辅助工程量小 3. 需要相应的配套机械设备

2. 直接用机械开挖

使用带有松土器的重型推土机破碎岩石，一次破碎 0.6～1.0m，该法适用于施工场地宽阔、大方量的软岩石方工程。优点是没有钻爆作业，不需要风、水、电辅助设施，不但简化了布置，而且施工进度快，生产能力高。但不适宜破碎坚硬岩石。

3. 静态破碎法

在炮孔内装入破碎剂，利用药剂自身的膨胀力，缓慢地作用于孔壁，经过数小时达到 300～500kgf/cm^{2}的压力，使介质开裂。该法适用于在设备附近、高压线下，以及开挖与浇筑过渡段等特定条件下的开挖与岩石切割或拆除建筑物。优点是安全可靠，没有爆破所产生的公害；缺点是破碎效率低，开裂时间长。对于大型的或复杂的工程，使用破碎剂时，还要考虑使用机械挖除等联合作业手段，或与控制爆破配合，才能提高效率。

三、坝基开挖

（一）坝基开挖程序

坝基开挖程序的选择与坝型、枢纽布置、地形地质条件、开挖量以及导流方式等因素有关。其中导流程序与导流方式是主要因素，常用开挖程序见表3-3。

表3-3 坝基开挖常用程序

选择因素			常用开挖程序	施工条件	开挖步骤
坝型	一般地形条件	常用导流方式			
拱坝或重力坝	河床狭窄，两岸边坡陡峻	全段围堰法、隧洞导流	自上而下，先开挖两岸边坡后开挖基坑	开挖施工布置简单；基坑开挖基本可全年施工	在导流洞施工时，同时开挖常水位以上边坡；河床截流后，开挖常水位以下两岸边坡、浮渣和基坑覆盖层；从上游至下游进行基坑开挖
低坝或闸坝	河床开阔、两岸平坦（多属平原地区河流）	全段围堰法、明渠导流或分段围堰法导流	上下结合开挖或自上而下开挖	开挖施工布置简单；基坑开挖基本可全年施工	先开挖明渠；截流后开挖基坑或基坑与岸坡上下结合开挖
重力坝	河床宽阔、两岸边坡比较平缓	分段围堰、大坝底孔和梳齿导流	上下结合开挖	开挖施工布置较复杂；由导流程序决定开挖施工分期	先开挖围堰段一侧边坡；开挖导流段基坑和另一岸边坡；导流段完建、截流后，开挖另一侧基坑

（二）坝基开挖方式

开挖程序确定以后，开挖方式的选择主要取决于总开挖深度、具体开挖部位、开挖量、技术要求以及机械化施工因素等。

1. 薄层开挖

岩基开挖深度小于4m，采用浅孔爆破。开挖方式有劈坡开挖、大面积群孔爆破开挖、先掏槽后扩大开挖等。

2. 分层开挖

开挖深度大于4m时，一般采用分层开挖。开挖方式有自上而下逐层开挖、台阶式分层开挖、竖向分段开挖、深孔与洞室组合爆破开挖以及洞室爆破开挖等。

3. 全断面开挖和高梯段开挖

梯段高度一般大于20m，主要特点是通过钻爆使开挖面一次成型。

（三）坝基保护层开挖

水平建基面高程的偏差不应大于±20cm。设计边坡轮廓面的开挖偏差，在一次钻孔深度开挖时，不应大于其开挖高度的±2%；在分台阶开挖时，其最下部一个台阶坡脚位置的偏差，以及整体边坡的平均坡度，均符合设计要求；此外，还应注意不使水平建基面产生大量爆破裂隙，以及使节理裂隙面、层面等弱面明显恶化，并损害岩体的完整性。

在岩基开挖中为了达到设计的开挖面，而又不破坏周边岩层结构，如河床坝基、两岸坝岸、发电厂基础、廊道等工程连接岩基部分的岩石开挖，根据规范要求及常规做法都要留有一定的保护层，紧邻水平建基面的保护层厚度，应由爆破实验确定，若无条件进行试验时，才可以采用工程类比法确定，一般不小于1.5m。

对岩体保护层进行分层爆破，必须遵循下述规定：

第一，第一层炮孔不得穿入距水平建基面1.5m的范围；炮孔装药直径不应大于40mm；应采用梯段爆破的方法。

第二，第二层对节理裂隙不发育、较发育、发育和坚硬的岩体炮孔不得穿入距水平建基面0.5m的范围；对节理裂隙极发育和软弱的岩体，炮孔不得穿入距水平建基面0.7m的范围。炮孔与水平面的夹角不应大于60°，炮孔装药直径不应大于32mm，采用单孔起爆方法。

第三，第三层对节理裂隙不发育、较发育、发育和坚硬的岩体炮孔不得穿入距水平建基面0.2m的范围；剩余0.2m厚的岩体应进行撬挖。炮孔角度、装药直径和起爆方法，同第二层的要求。

必须在通过实验证明可行并经主管部门批准后，才可在紧邻水平建基面采用有或无岩体保护层的一次爆破法。

无保护层的一次爆破法应符合下述原则：

第一，水平建基面开挖，应采用预裂爆破方法；

第二，基础岩石开挖，应采用梯段爆破方法；

第三，梯段爆破孔孔底与预裂爆破面应有一定的距离。

四、溢洪道和渠道的开挖

（一）开挖程序

溢洪道、渠道的常用过水断面一般为梯形或矩形。选择开挖程序应考虑现场地形与施工道路等条件，结合混凝土衬砌的安排以及拟采用的施工方法等，其开挖程序选择见表 3-4。

表 3-4　溢洪道、渠道开挖程序

主要因素	开挖程序	适用工程类型
考虑临时泄洪的需要安排开挖程序	分期开挖，每一期根据需要开挖到一定高程	溢洪道
根据现场的地形、道路等施工条件和挖方利用情况安排开挖程序	可分期、分段开挖	溢洪道
结合混凝土衬砌边坡和浇筑底板的顺序安排开挖程序	先开挖两岸边坡、后开挖底板，或上下结合开挖	溢洪道
按照构筑物的分类安排开挖程序	先开挖闸室或渠首，后开挖消能段或渠尾部分	溢洪道、渠道
根据采用人工或机械等不同施工方法划分开挖段	分段开挖	渠道

设计开挖程序须注意以下问题：

1. 应在两侧边坡顶部修建排水天沟，减少雨水冲刷。施工中要保持工作面平整，并沿上下游方向贯通以利排水和出渣。

2. 根据开挖断面的宽窄、长度和挖方量的大小，一般应同时对称开挖两侧边坡，并随时修整，保持稳定。

3. 对窄而深的渠道，爆破受两侧岩壁的约束力大，爆破效果一般较差，应结合钻爆设计安排合理的开挖程序；

4. 渠身段可采用大爆破施工方法，但要注意控制渠首附近的最大起爆药量，防止破坏山岩而造成渗漏。

（二）开挖方式

溢洪道、渠道一般爆破开挖方式，常用开挖方式参见表 3-5。

表 3-5　溢洪道、渠道开挖方式

开挖方式	适用条件	施工要点
深孔分段爆破	为常规开挖施工方法，应用广泛	先中间挖槽贯通上下游，然后向两侧扩大开挖，由一端或两端同时向中间推进
扬弃爆破	用于揭露地表覆盖层或开挖渠身段	先沿轴线方向开挖平导洞，然后向两侧开挖药室、爆破后的石渣可大部分抛至开挖断面以外
小型洞室爆破	在缺少专用钻机的条件下采用	沿轴线方向布置多排竖井药室，靠近两侧边坡处布置蛇穴药室
分层分块钻爆	用于人工半机械或中小型机械施工	根据施工机械化程度确定分层厚度和分块尺寸
楔形掏槽爆破	用于开挖深度小于 6m 的浅窄渠道	沿轴线方向进行掏槽爆破、两侧边坡钻预裂孔、底板预留保护层
定向爆破	用于浅渠开挖	爆破的石渣按预定的一侧或两侧抛至断面以外，通过爆破使渠道成型
直接用机械开挖	用于软岩开挖	利用带有松土器的重型推土机分层破碎，每层破碎深度 0.5~1.0m

五、边坡开挖

在边坡稳定分析的基础上，判明影响边坡稳定的主导因素，对边坡变形破坏形式和原因做出正确的判断，并且制定可行的开挖措施，以免因工程施工影响和恶化边坡的稳定性。

（一）开挖控制措施

1. 尽量改善边坡的稳定性。拦截地表水和排除地下水，防止边坡稳定恶化。可在边坡变形区以外 5m 开挖截水天沟和变形区以内开挖排水沟，拦截和排除地表水。同时可采用喷浆、勾缝、覆盖等方式保护坡体不受渗水侵害。对于地下水的排除，可根据岩体结构特征和水文地质条件，采用倾角小于 10°~15°的钻孔排水；对于有明显含水层可能产生深层滑动的边坡，可采用平洞排水。

对于不稳定型边坡开挖，可以先做稳定处理，然后进行开挖。例如，采用抗滑挡墙、抗滑桩、锚筋桩、预应力锚索以及化学灌浆等方法，必要时进行边挡护边开挖。

尽量避免雨季施工，并力争一次处理完毕。否则，雨季施工应采用临时封闭措施。做好稳定性观测和预报工作。

2. 按照“先坡面、后坡脚”自上而下的开挖程序施工，并限制坡比，坡高要在允许范围之内，必要时增设马道。

开挖时，注意不切断层面或楔体棱线，不使滑体悬空而失去支撑作用。坡高应尽量控制到不涉及有害软弱面及不稳定岩体。

3. 控制爆破规模，应不使爆破振动附加动荷载使边坡失稳。为避免造成过多的爆破裂隙，开挖邻近最终边坡时，应采用光面、预裂爆破，必要时改用小炮、风镐或人工撬挖。

（二）不稳定岩体的开挖

1. 一次削坡开挖

主要是开挖边坡高度较低的不稳岩体，如溢洪道或渠道边坡。其施工要点是由坡面至坡脚顺面开挖，即先降低滑体高度，再循序向里开挖。

2. 分段跳槽开挖

主要用于有支挡（如挡土墙、抗滑桩）要求的边坡开挖。其施工要点是开挖一段即支护一段。

3. 分台阶开挖

在坡高较大时，采用分层留出平台或马道以提高边坡的稳定性。台阶高度由边坡处于稳定状态下的极限滑动体高度和极限坡高 Hv 来确定，其值由力学计算的有关算式求得。为保证施工安全，应将计算的极限值除以安全系数 K，作为允许值。

第二节　土方机械化施工

一、挖土机械

挖掘机的种类繁多，根据其行走装置可分为履带式和轮胎式；根据其工作方式可分为循环式和连续式；根据其传动方式可分为索式、链式和液压式等。

（一）单斗挖掘机

按用途分：建筑用和专用；

按行走装置分：履带式、汽车式、轮胎式和步行式；

按传动装置分：机械传动、液压传动和液力机械传动；

按工作装置分：正向铲、反向铲、拉（索）铲、抓铲；

按动力装置分：内燃机驱动、电力驱动；

按斗容量分：$0.5m^3$、$1m^3$、$2m^3$等。

挖掘机有回转、行驶和工作三个装置。正向铲挖掘机有强有力的推力装置，能挖掘Ⅰ~Ⅳ级土和破碎后的岩石；正向铲主要用来挖掘停机面以上的土石方，也可以挖掘停机面以下不深的地方，但不能用于水下开挖；反向铲可以挖停机面以下较深的土，也可以挖停机面以上一定范围的土，也可以用于水下开挖。

（二）多斗式挖土机

多斗挖土机又称挖沟机、纵向多斗挖土机。与单斗挖土机比较，多斗式挖土机有下列优点：挖土作业是连续的，在同样条件下生产率高；开挖单位土方量所需的能量消耗较低；开挖沟槽的底和壁较整齐；在连续挖土的同时，能将土自动卸在沟槽一侧。

多斗式挖土机不宜开挖坚硬的土和含水量较大的土。它适宜开挖黄土、粉质黏土等。多斗式挖土机由工作装置、行走装置和动力、操纵及传动装置等几部分组成。

按工作装置分为链斗式和轮式两种，按卸土方式分为装有卸土皮带运输器和未装卸土皮带运输器两种。通常挖沟机大多装有皮带运输器。行走装置有履带式、轮胎式和履带轮胎式三种。其动力一般为内燃机。

二、挖运组合机械

（一）推土机

以拖拉机为原动机械，另加切土刀片的推土器，既可薄层切土又能短距离推运。

推土机是一种挖运综合作业机械，是在拖拉机上装上推土铲刀而成。按推土板的操作方式不同，可分为索式和液压式两种。索式推土机的铲刀是借刀具自重切入土中，切土深度较小；液压推土机能强制切土，推土板的切土角度可以调整，切土深度较大，因此，液压推土机是目前工程中常用的一种推土机。

推土机构造简单，操作灵活，运转方便，所需作业面小，功率大，能爬30°左右的缓坡。适用于施工场地清理和平整，开挖深度不超过1.5m的基坑以及沟槽的回填土，堆筑高度在1.5m以内的路基、堤坝等。在推土机后面安装松土装置，可破松硬土和冻土，还可牵引无动力的土方机械（如拖式铲运机、羊脚碾等）进行其他土方作业。推土机的推运距离宜在100m以内，当推运距离在30~60m时，经济效益最好。

利用下述方法可提高推土机的生产效率：

第一，下坡推土。借推土机自重，增大铲刀的切土深度和运土数量，以提高推土能力和缩短运土时间。一般可提高效率30%~40%。

第二，并列推土。对于大面积土方工程，可用2~3台推土机并列推土。推土时，两铲刀相距15~30cm，以减少土的侧向散失，倒车时，分别按先后顺序退回。平均运距不超过50~75m时，效率最高。

第三，沟槽推土。当运距较远，挖土层较厚时，利用前次推土形成的槽推土，可大大减少土方散失，从而提高效率。此外，还可在推土板两侧附加侧板，增大推土板前的推土体积以提高推土效率。

（二）铲运机

按行走方式，铲运机分为牵引式和自行式。前者用拖拉机牵引铲斗，后者自身有行驶动力装置。现在多用自行式。根据操作方式不同，拖式铲运机又分为索式和液压式两种。

铲运机能独立完成铲土、运土、卸土和平土作业，对行驶道路要求低，操作灵活，运转方便，生产效率高。铲运机适用于大面积场地平整，开挖大型基坑、沟槽以及填筑路基、堤坝等，最适合开挖含水量不大于27%的松土和普通土，不适合在砂砾层和沼泽区工作。当铲运较硬的土壤时，宜先用推土机翻松0.2~0.4m，以减少机械磨损，提高效率。常用铲运机斗容量为1.5~6m^3。拖式铲运机的运距以不超过800m为宜，当运距在300m左右时效率最高，自行式铲运机的经济运距为800~1 500m。

（三）装载机

装载机是一种高效的挖运组合机械。主要用途是铲取散粒料并装上车辆，可用于装运、挖掘、平整场地和牵引车辆等；更换工作装置后，可用于抓举或起重作业，因此在工程中得到广泛应用。

装载机按行走装置分为轮胎式和履带式两种；按卸料方式分为前卸式、后卸式和回转式三种；按装载重量分为小型（<1t）、轻型（1~3t）、中型（4~8t）和重型（>10t）四种。目前使用最多的是四轮驱动铰接转向的轮式装载机，其铲斗多为前卸式，有的兼可侧卸。

三、运输机械

运输机械有循环式和连续式两种。

循环式有有轨机车和机动灵活的汽车。一般工程自卸汽车的吨位是10~35t，汽车吨位的大小应根据需要并结合路涵条件来考虑。

最常用的连续式运输机械是带式运输机。根据有无行驶装置，分为移动式和固定式两种。前者多用于短途运输和散料的装卸堆存，后者常用于长距离的运输。

四、土石料挖运方案

（一）综合机械化施工的基本原则

1. 充分发挥主要机械的作用；
2. 挖运机械应根据工作特点配套选择；
3. 机械配套要有利于使用、维修和管理；
4. 加强维修管理工作，充分发挥机械联合作业的生产力，提高其时间利用系数；
5. 合理布置工作面、改善道路条件，减少连续的运转时间。

（二）综合机械化方案选择

土石坝工程量巨大，挖、运、填、压等多个工艺环节环环相扣。提高劳动生产率，改善工程质量，降低工程成本的有效措施是采用综合机械化施工。

选择机械化施工方案通常应考虑如下原则：

1. 适应当地条件，保证施工质量，生产能力满足整个施工过程的要求；
2. 机械设备性能机动、灵活、高效、低耗、运行安全、耐久可靠；
3. 通用性强，能承担先后施工的工程项目，设备利用率高；
4. 机械设备要配套，各类设备均能充分发挥效率，特别应注意充分发挥主导机械的效率，譬如在挖、运、填、压作业中，应充分发挥龙头机械挖掘机的效率，以期为其他作业设备效率的提高，提供必要的前提和保证；

5. 设备购置及运行费用低，易于获得零、配件，便于维修、保养、管理和调度；

6. 应从采料工作面、回车场地、路桥等级、卸料位置、坝面条件等方面创造相适应的条件，以便充分发挥挖、运、填、压各种机械的效能。

第三节　土石坝施工技术

土石坝是一种充分利用当地材料的坝型。随着大型高效施工机械的广泛使用，施工人数大量减少，施工工期不断缩短，施工费用显著降低，施工条件日益改善，土石坝工程的应用比任何其他坝型都更加广泛。

根据施工方法不同，土石坝分为干填碾压、水中填土、水力冲填（包括水坠坝）和定向爆破筑坝等类型。国内以碾压式土石坝应用最多。

碾压土石坝的施工，包括施工准备作业、基本作业、辅助作业和附加作业等。

准备作业包括：“三通一平”，即平整场地、通车、通水、通电，架设通信线路，修建生产、生活福利、行政办公用房以及排水清基等项工作。

基本作业包括：料场土石料开采，挖、装、运、卸以及坝面铺平、压实和质检等项工作。

辅助作业是保证准备及基本作业顺利进行，创造良好工作条件的作业，包括清除施工场地及料场的覆盖层，从上坝土料中剔除超径石块、杂物，坝面排水、层间刨毛和洒水等工作。

附加作业是保证坝体长期安全运行的防护及修整工作，包括坝坡修整，铺砌护面块石及种植草皮等。

一、土石料场的规划

土石坝用料量很大，在选坝阶段需对土石料场做全面调查，施工前配合施工组织设计，对料场做深入勘测，并从空间、时间、质量和数量等方面进行全面规划。

（一）时间上的规划

所谓时间规划，就是要考虑施工强度和坝体填筑部位的变化。随着季节及坝前蓄水情况的变化，料场的工作条件也在变化。在用料规划上应力求做到上坝强度高时用近料场，上坝强度低时用较远的料场，使运输任务比较均衡。对近料和上游易淹的料场应先用，远料和下游不易淹的料场后用；含水量高的料场旱季用，含水量低的料场雨季用。在料场使用规划中，还应保留一部分近料场供合龙段填筑和拦洪度汛高峰强度时使用。此外，还应对时间和空间进行统筹规划，否则会产生事与愿违的后果。

（二）空间上的规划

所谓空间规划，系指对料场位置、高程的恰当选择，合理布置。土石料的上坝运距尽可能短些，高程上有利于重车下坡，减少运输机械功率的消耗。近料场不应因取料影响坝的防渗稳定和上坝运输，也不应使道路坡度过陡引起运输事故。坝的上下游、左右岸最好都选有料场，这样有利于上下游左右岸同时供料，减少施工干扰，保证坝体均衡上升。用料时原则上应低料低用，高料高用，当高料场储量有富余时，亦可高料低用。同时料场的位置应有利于布置开采设备、交通及排水通畅。对石料场尚应考虑与重要建筑物、构筑物、机械设备等保持足够的防爆、防震安全距离。

（三）质与量上的规划

料场质与量的规划，是料场规划最基本的要求，也是决定料场取舍的重要因素。在选择和规划使用料场时，应对料场的地质成因、产状、埋深、储量以及各种物理力学指标进行全面勘探和试验。勘探精度应随设计深度加深而提高。在施工组织设计中，进行用料规划，不仅应使料场的总储量满足坝体总方量的要求，而且应满足施工各个阶段最大上坝强度的要求。

料尽其用，充分利用永久和临时建筑物基础开挖渣料是土石坝料场规划的又一重要原则。为此应增加必要的施工技术组织措施，确保渣料的充分利用。若导流建筑物和永久建筑物的基础开挖时间与上坝时间不一致时，则可以调整开挖和填筑进度，或增设堆料场储备渣料，供填筑时使用。

料场规划还应对主要料场和备用料场分别加以考虑。前者要求质好、量大、运距近，且有利于常年开采；后者通常在淹没区外，当前者被淹没或因库区水位抬高，土料过湿或其他原因中断使用时，则用备用料场保证坝体填筑不致中断。

在规划料场实际可开采总量时，应考虑料场查勘的精度、料场天然容重与坝体压实容重的差异，以及开挖运输、坝面清理、返工削坡等损失。实际可开采总量与坝体填筑量之比一般为：土料 2~2.5；砂砾料 1.5~2；水下砂砾料 2~3；石料 1.5~2；反滤料应根据筛后有效方量确定，一般不宜小于 3。另外，料场选择还应与施工总体布置结合考虑，应根据运输方式、强度来研究运输线路的规划和装料面的布置。料场内装料面应保持合理的间距，间距太小会使道路频繁搬迁，影响工效；间距太大影响开采强度，通常装料面间距取 100m 为宜。整个场地规划还应排水通畅，全面考虑出料、堆料、弃料的位置，力求避免干扰以加快采运速度。

二、坝面作业施工组织规划

当基础开挖和基础处理基本完成后，就可进行坝体的铺填、压实施工。

坝面作业施工程序包括：铺土、平土、洒水、压实（对于黏性土采用平碾，压实后尚须刨毛以保证层间结合的质量）、质检等工序。坝面作业，工作面狭窄，工种多，工序多，机械设备多，施工时须有妥善的施工组织规划。

为避免坝面施工中的干扰，延误施工进度，坝面压实宜采用流水作业施工。

流水作业施工组织，应先按施工工序数目对坝面分段，然后组织相应专业施工队依次进入各工段施工。这样，对同一工段而言，各专业队按工序依次连续施工；对各专业施工队而言，依次不停地在各工段完成固定的专业工作，其结果是实现了施工专业化，有利于工人熟练程度的提高。同时，各工段都有专业队使用固定的施工机具，从而保证施工过程人、机、地三不闲，避免施工干扰，有利于坝面作业多、快、好、省、安全地进行。

拟开展的坝面作业划分为铺土、平土洒水、压实、刨毛质检四道工序，于是将坝面至少划分成四个相互平行的工段。在同一时间内，四个工段均有一个专业队完成一道工序，各专业队依次流水作业。

正确划分工段是组织流水作业的前提，每个工段的面积取决于各施工时段的上坝强度，以及不同高程坝面面积的大小。

铺土宜平行坝轴线进行，铺土厚度要匀，超径不合格的土块应打碎，石块、杂物应剔除。进入防渗体内铺土，自卸汽车卸料宜用进占法倒退铺土，使汽车始终在松土上行驶，避免在压实土层上开行，造成超压，引起剪力破坏。汽车穿越反滤层进入防渗体，容易将反滤料带入防渗体内，造成防渗土料与反滤料混杂，影响坝体质量。因此，应在坝面每隔 40~60m 设专用“路口”，每填筑二三层换一次“路口”位置，既可防止不同土料混杂，又能防止超压产生剪力破坏，万一在“路口”出现质量事故，也便于集中处理，不影响整个坝面作业。

按设计厚度铺土平土是保证压实质量的关键。采用带式运输机或自卸汽车上坝，卸料集中。为保证铺土均匀，须用推土机或平土机散料平土。国内不少工地采用“算方上料、定点卸料、随卸随平、定机定人、铺平把关、插杆检查”的措施，使平土工作取得良好的效果。铺填中不应使坝面起伏不平，避免降雨积水。

黏性土料含水量偏低，主要应在料场加水，若需在坝面加水，应力求“少、勤、匀”，以保证压实效果。对非黏性土料，为防止运输过程脱水过量，加水工作主要在坝面进行。石碴料和砂砾料压实前应充分加水，确保压实质量。

对于汽车上坝或光面压实机具压实的土层，应刨毛处理，以利层间结合。通常刨毛深度 3~5cm，可用推土机改装的刨毛机刨毛，工效高、质量好。

三、压实机械及其生产能力的确定

众所周知，土料不同，其物理力学性质也不同，因此使之密实的作用外力也不同。黏性土料黏结力是主要的，要求压实作用外力能克服黏结力；非黏性土料（砂性土料、石碴料、砾石料）内摩擦力是主要的，要求压实作用外力能克服颗粒间的内摩擦力。不同的压实机械设备产生的压实作用外力不同，大体可分为碾压、夯击和振动三种基本类型。

碾压的作用力是静压力，其大小不随作用时间而变化。

夯击的作用力为瞬时动力，有瞬时脉冲作用，其大小随时间和落高而变化。

振动的作用力为周期性的重复动力，其大小随时间呈周期性变化，振动周期的长短，随振动频率的大小而变化。

（一）压实机械及其压实方法

根据压实作用力来划分，通常有碾压、夯击、振动压实三种机具。随着工程机械的发展，又有振动和碾压同时作用的振动碾，产生振动和夯击作用的振动夯等。常用的压实机具有以下几种。

1. 羊脚碾及其压实方法。

羊脚碾与平碾不同，在碾压滚筒表面设有交错排列的截头圆锥体，状如羊脚。钢铁空心滚筒侧面设有加载孔，加载大小根据设计需要确定。加载物料有铸铁块和砂砾石等。碾滚的轴由框架支承，与牵引的拖拉机用杠辕相连。羊脚的长度随碾滚的重量增加而增加，一般为碾滚直径的 1/6~1/7。羊脚过长，其表面面积过大，压实阻力增加，羊脚端部的接触应力减小，影响压实效果。重型羊脚碾碾重可达 30t，羊脚相应长 40cm。拖拉机的牵引力随碾重增加而增加。

羊脚碾的羊脚插入土中，不仅使羊脚端部的土料受到压实，而且使侧向土料受到挤压，从而达到均匀压实的效果。在压实过程中，羊脚对表层土有翻松作用，无须刨毛就能保证土料层间结合。

和其他碾压机械一样，羊脚碾的开行方式有如下两种：进退错距法和圈转套压法。前者操作简便，碾压、铺土和质检等工序协调，便于分段流水作业，压实质量容易保证；后者要求开行的工作面较大，适合于多碾滚组合碾压。其优点是生产效率较高，但碾压中转弯套压交接处重压过多，易于超压。当转弯半径小时，容易引起土层扭曲，产生剪力破坏，在转弯的四角容易漏压，质量难以保证。国内多采用进退错距法，用这种开行方式，为避免漏压，可在碾压带的两侧先往复压够遍数后，再进行错距碾压。

2. 振动碾

振动碾是一种振动和碾压相结合的压实机械，它是由柴油机带动与机身相连的附有偏心块的轴旋转，迫使碾滚产生高频振动。振动功能以压力波的形式传到土体内。非黏性土料在振动作用下，土粒间的内摩擦力迅速降低，同时由于颗粒大小不均匀，质量有差异，导致惯性力存在差异，从而产生相对位移，使细颗粒填入粗颗粒间的空隙而达到密实。然而，黏性土颗粒间的黏结力是主要的，且土粒相对比较均匀，在振动作用下，不能取得像非黏性土那样的压实效果。

由于振动作用，振动碾的压实影响深度比一般碾压机械大 1~3 倍，可达 1m 以上。它的碾压面积比振动夯、振动器压实面积大，生产率很高。振动碾压实效果好，使非黏性土料的相对密度大为提高，坝体的沉陷量大幅度降低，稳定性明显增强，使土工建筑物的抗震性能大为改善。故抗震规范明确规定，对有防震要求的土工建筑物必须用振动碾压实。振动碾结构简单，制作方便，成本低廉，生产率高，是压实非黏性土石料的高效压实机械。

3. 气胎碾

气胎碾有单轴和双轴之分。单轴的主要构造是由装载荷重的金属车厢和装在轴上的 4 ~6 个气胎组成。碾压时在金属车厢内加载，并同时将气胎充气至设计压力。为防止气胎损坏，停工时用千斤顶将金属车厢支托起来，并把胎内的气放掉。

气胎碾在碾压土料时，气胎随土体的变形而变形。随着土体压实密度的增加，气胎的变形也相应增加，从而使气胎与土体的接触面积随之增大，始终能保持较为均匀的压实效果，它与刚性碾比较，气胎不仅对土体的接触压力分布均匀而且作用时间长，压实效果好，压实土料厚度大，生产效率高。

气胎碾可根据压实土料的特性调整其内压力，使气胎对土体的压力始终保持在土料的极限强度内。通常气胎的内压力，对黏性土以（5~6）$\times10^5$Pa、非黏性土以（2~4）$\times10^5$ Pa 最好。平碾碾滚是刚性的，不能适应土体的变形，荷载过大就会使碾滚的接触应力超过土体极限强度，这就限制了这类碾朝重型方向发展。气胎碾却不然，随着荷载的增加，气胎与土体的接触面增大，接触应力仍不致超过土体的极限强度。所以只要牵引力能满足要求，就不会妨碍气胎碾朝重型高效方向发展。

4. 夯板及其压实方法

夯板可以吊装在去掉土斗的挖掘机的臂杆上，借助卷扬机操纵绳索系统使夯板上升。夯击土料时将索具放松，使夯板自由下落，夯实土料，其压实铺土厚度可达 lm，生产效率较高。对于大颗粒填料可用夯板夯实，其破碎率比用碾压机械压实大得多。为了提高夯实效果，适应夯实土料特性，在夯击黏性土料或略受冰冻的土料时，尚可将夯板装上羊脚，即成羊脚夯。

夯板的尺寸与铺土厚度密切相关。在夯击作用下，土层沿垂直方向应力的分布随夯板短边 b 的尺寸而变化。当 b=h 时，底层应力与表层应力之比为 0.965；当 $b=\frac{h}{2}$ 时，底层应力与表层应力比为 0.473。若夯板尺寸不变，表层和底层的应力差值，随铺土厚度增加而增加。差值越大，压实后的土层竖向密度越不均匀。故选择夯板尺寸时，尽可能使夯板的短边尺寸接近或略大于铺土厚度。

夯板工作时，机身在压实地段中部后退移动，随夯板臂杆的回转，土料被夯实的夯迹呈扇形。为避免漏夯，夯迹与夯迹之间要套夯，其重叠宽度为 10~15cm，夯迹排与排之间也要搭接相同的宽度。为充分发挥夯板的工作效率，避免前后排套压过多，夯板的工作转角以不大于 80°~90°为宜。

（二）压实机械的选择

1. 选择压实机械的原则

在选择压实机械时，主要考虑以下因素：

（1）选可取得的设备类型；

（2）能够满足设计压实标准；

（3）与压实土料的物理力学性质相适应；

（4）满足施工强度要求；

（5）设备类型、规格与工作面的大小、压实部位相适应；

（6）施工队伍现有装备和施工经验等。

2. 各种压实机械的适用情况

根据国产碾压设备情况，宜用 50t 气胎碾碾压黏性土、砾质土，压实含水量略高于最优含水量（或塑限）的土料。用 9.0~16.4t 的双联羊脚碾压实黏性土，重型羊脚碾宜用于含水量低于最优含水量的重黏性土，对于含水量较高、压实标准较低的轻黏性土也可用肋型碾和平碾压实。13.5t 的振动碾可压实堆石与含有大于 500mm 特大粒径的砂卵石。用直径 110cm、重 2.5t 的夯板夯实砂砾料和狭窄场面的填土，对与刚性建筑物、岸坡等的接触带，边角、拐角等部位可用轻便夯夯实。

四、土石坝施工的质量控制要点

施工质量检查和控制是土石坝安全运行的重要保证，它应贯穿于土石坝施工的各个环节和施工全过程。

（一）料场的质量检查和控制

对土料场应经常检查所取土料的土质情况、土块大小、杂质含量和含水量是否符合规范规定。其中含水量的检查和控制尤为重要。

经测定，若土料的含水量偏高，一方面，应改善料场的排水条件和采取防雨措施；另一方面，须将含水量偏高的土料进行翻晒处理，或采取轮换掌子面的办法，使土料含水量降低到规定范围再开挖。若以上方法仍难满足要求，可以采用机械烘干法烘干。

当土料含水量不均匀时，应考虑堆筑“土牛”（大土堆），使含水量均匀后再外运。当含水量偏低时，对于黏性土料应考虑在料场加水。

料场加水的有效方法是采用分块筑畦坡，灌水浸渍，轮换取土。地形高差大也可采用喷灌机喷洒，此法易于掌握，节约用水。无论哪种加水方式，均应进行现场试验。对非黏性土料可用洒水车在坝面喷洒加水，避免运输时从料场至坝上的水量损失。

对石料场应经常检查石质、风化程度、爆落块料级配大小及形状是否满足上坝要求。如发现不合要求，应查明原因，及时处理。

（二）坝面的质量检查和控制

在坝面作业中，应对铺土厚度、填土块度、含水量大小、压实后的干容重等进行检查，并提出质量控制措施。对黏性土，含水量的检测是关键。简单办法是“手检”，即手握土料能成团，手指搓可成碎块，则含水量合适。更精确可靠的方法是用含水量测定仪测定。为便于现场质量控制，及时掌握填土压实情况，可绘制干容重、含水量质量管理图。

干容重取样试验结果，其合格率应不小于90%，不合格干容重不得低于设计干容重的98%，且不合格样不得集中。干容重的测定，黏性土一般可用体积为200～500cm^{3}的环刀测定；砂可用体积为500cm^{3}的环刀测定；砾质土、砂砾料、反滤料用灌水法或灌砂法测定；堆石因其空隙大，一般用灌水法测定。当砂砾料因缺乏细料而架空时，也用灌水法测定。

根据地形、地质、坝料特性等因素，在施工特征部位和防渗体中，选定一些固定取样断面，沿坝高5～10m，取代表性试样（总数不宜少于30个）进行室内物理力学性能试验，作为核对设计及工程管理的根据。此外，还须对坝面、坝基、削坡、坝肩接合部、与刚性建筑物连接处以及各种土料的过渡带进行检查。对土层层间结合处是否出现光面和剪力破坏应引起足够重视，认真检查。对施工中发现的可疑问题，如上坝土料的土质、含水量不合要求，漏压或碾压遍数不够，超压或碾压遍数过多，铺土厚度不均匀及坑洼部位等应进行重点抽查，不合格者返工。

对于反滤层、过渡层、坝壳等非黏性土的填筑，主要应控制压实参数，如不符合要求，施工人员应及时纠正。在填筑排水反滤层过程中，每层在25×25m^{2}的面积内取样1～2个；对条形反滤层，每隔50m设一取样断面，每个取样断面每层取样不得少于4个，均匀分布在断面的不同部位，且层间取样位置应彼此对应。对于反滤层铺填的厚度、是否混有杂物、填料的质量及颗粒级配等应全面检查。通过颗粒分析，查明反滤层的层间系数和每层的颗粒不均匀系数是否符合设计要求。如不符合要求，应重新筛选，重新铺填。

土坝的堆石棱体与堆石体的质量检查大体相同。主要应检查上坝石料的质量、风化程度、石块的重量、尺寸、形状、堆筑过程有无离析架空现象发生等。对于堆石的级配、孔隙率大小，应分层分段取样，检查是否符合规范要求。随坝体的填筑应分层埋设沉降管，对施工过程中坝体的沉陷进行定期观测，并做出沉陷随时间的变化过程线。

对于填筑土料、反滤料、堆石等的质量检查记录，应及时整理，分别编号存档，编制数据库。既作为施工过程全面质量管理的依据，也作为坝体运行后进行长期观测和事故分析的佐证。

五、土石坝的扩建增容

随着经济的快速发展和人民生活水平的提高，水资源短缺的矛盾越来越突出，因此许多水库的扩建增容摆上了议事日程。

（一）土石坝扩建加高的一般形式

土石坝加高的形式，随原坝体结构的不同而异。一般情况下，当加高的高度不大时，常用“戴帽”的形式，原坝轴线位置不变；当加高的高度大，用“戴帽”的形式不能满足其稳定要求时，常从坝后培厚加高，原坝轴线下移。特殊情况下，也有从坝前培厚加高者。

（二）施工特点

土石坝扩建加高工程，有以下施工特点：

1. 与新建工程一样进行坝基及两岸坝头的处理，并要进行坝体的结合处理。

2. 由于库内已经蓄水，应尽可能不影响水库的正常运用，一般只能从下游侧一个方向来料，进料线路及上坝强度均受到影响。

3. 由于坝体较高，施工场地狭窄，施工布置受到很大的限制。

4. 坝顶部分拆除后，不宜长期暴露，必须确保安全度汛。

鉴于以上特点，扩建加高工程在开工前必须有较详细的施工组织设计和较严密的施工技术措施。

（三）施工技术要求与技术措施

1. 坝基处理

①拆除在施工范围内的建筑物（如水电站、变电所、输水道出口、坝下公路、桥涵等）以及原有的排水体。

②坝基加宽部分须拆除的人工填筑层及堆置的弃料要全部清除并挖至砂砾层顶面，其表层干容重不低于原坝基的自然干容重。

③两坝肩的清理与新建工程相同。

2. 原坝顶拆除及坝体填筑

①拆除原坝顶防浪墙、灯座及路面等。一般采用松动爆破开挖，人工或挖土机装汽车运出。

②为防止原心墙发生干缩裂缝，坝顶可预留 0.5m 厚的保护层，心墙临空面，应全部覆盖，并加强表层养护工作，防止暴晒、雨淋和冻融破坏。随着新填筑体的上升，逐层对

原心墙进行刨毛洒水，改善与新填土体的结合条件。如暴露的心墙临空面高差太大时，开挖成安全边坡，以防坍塌。

③原砂壳拆除的砂砾料，如符合设计标准，可直接用于铺筑新坝体；否则，可按代替料使用。

④大坝填筑要尽可能保护土、砂、石平衡上升，按不同的料物及运距，配置一定比例的挖运机械，满足大坝平衡上升填筑强度的要求。

⑤防渗体雨季施工时，需采取相应的雨季填筑措施，填筑面应有适当的排水坡度。

3. 坝体观测设备的恢复和补设

为了监视土石坝的工作状况及其变化，保证其加高前后观测资料的连续性，对各种观测设备必须及时恢复与补设。特别是对浸润线观测管，既要照顾到原有测压管布置状况，对原管必须进行检查和鉴定，确定哪些管需要报废重设，哪些管需要保留加高；又要考虑需要增设必要的观测断面，重新布孔和施工。

第四节　堤防及护岸工程施工技术

堤防工程包括土料场选择与土料挖运、堤基处理、堤身施工、防渗工程施工、防护工程施工、堤防加固与扩建等内容。

护岸工程是指直接或间接保护河岸，并保持适当整治线的任何一种结构。它包括用混凝土、块石或其他材料做成的直接（连续性的）护岸工程，也包括诸如用丁坝等建筑物用来改变和调整河槽的间接性（非连续性的）护岸工程。

一、堤身填筑

堤防施工的主要内容包括土料选择与土场布置、施工放样与堤基清理、铺土压实与竣工验收等。

（一）土料选择

土料选择的原则是：一方面要满足防渗要求；另一方面应就地取材，因地制宜。

1. 开工前，应根据设计要求、土质、天然含水量、运距及开采条件等因素选择取料区。

2. 均质土堤宜选用中壤土–亚黏土；铺盖、心墙、斜墙等防渗体宜选用黏性较大的土；堤后盖重宜选用砂性土。

3. 淤泥土、杂质土、冻土块、膨胀土、分散性黏土等特殊土料，一般不宜于填筑堤身。

（二）土料开采

1. 地表清理。土料场地表清理包括清除表层杂质和耕作土、植物根系及表层稀软淤土。

2. 排水。土料场排水应采取截、排结合，以截为主的措施。对于地表水应在采料高程以上修筑截水沟加以拦截。对于流入开采范围的地表水应挖纵横排水沟迅速排除。在开挖过程中，应保持地下水位在开挖面0.5m以下。

3. 常用挖运设备。堤防施工是挖、装、运、填的综合作业。开挖与运输是施工的关键工序，是保证工期和降低施工费用的主要环节。堤防施工中常用的设备按其功能可分为挖装、运输和碾压三类，主要设备有挖掘机、铲运机、推土机、碾压设备和自卸汽车等。

4. 开采方式。土料开采主要有立面开采和平面开采两种方式，其施工特点及适用条件见表3–6。

表3–6 土料开采方式比较

开采条件	立面开采	平面开采
料场条件	土层较厚（大于5m），土料成层分布不均	地形平坦，面积较大，适应薄层开挖
含水率	损失小，适用于接近或略小于施工控制含水率的土料	损失大，适用于稍大于施工控制含水率的土料
冬季施工	土温散失小	土温易散失，不宜在负气温下施工
雨季施工	不利影响较小	不利影响较大
适用机械	正铲挖掘机，装载机	推土机，铲运机，反向挖掘机
层状土料情况	层状土料允许掺混	层状土料有须剔除的不合格料层

无论采用何种开采方式，均应在料场对土料进行质量控制，检查土料性质及含水率是否符合设计规定，不符合规定的土料不得上堤。

二、填筑技术要求

（一）堤基清理

1. 筑堤工作开始前，必须按设计要求对堤基进行清理。

2. 堤基清理范围包括堤身、铺盖和压载的基面。堤基清理边线应比设计基面边线宽出30~50cm。老堤基加高培厚，其清理范围包括堤顶和堤坡。

3. 堤基清理时，应将堤基范围内的淤泥、腐殖土、泥炭、不合格土及杂草、树根等清除干净。

4. 堤基内的井窖、树坑、坑塘等应按堤身要求进行分层回填处理。

5. 堤基清理后，应在第一层铺填前进行平整压实，压实后土体干密度应符合设计要求。

6. 堤基冻结后不应有明显冻夹层、冻胀现象或浸水现象。

（二）填筑作业的一般要求

1. 地面起伏不平时，应按水平分层由低处开始逐层填筑，不得顺坡铺填；堤防横断面上的地面坡度陡于1∶5时，应削至缓于1∶5。

2. 分段作业面长度，机械施工时段长不应小于100m；人工施工时段长可适当缩短。

3. 作业面应分层统一铺土、统一碾压，并进行平整，界面处要相互搭接，严禁出现界沟。

4. 在软土堤基上筑堤时，如堤身两侧设有压载平台，则应按设计断面同步分层填筑。

5. 相邻施工段的作业面宜均衡上升，若段与段之间不可避免出现高差时，应以斜坡面相接，并按堤身接缝施工要点的要求作业。

6. 已铺土料表面在压实前被晒干时，应洒水湿润。

7. 光面碾压的黏性土填筑层在新层铺料前，应做刨毛处理。

8. 若发现局部“弹簧土”、层间光面、层间中空、松土层等质量问题时，应及时进行处理，并经检验合格后，方可铺填新土。

9. 在软土地基上筑堤，或用较高含水量土料填筑堤身时，应严格控制施工速度，必要时应在地基、坡面设置沉降和位移观测点，根据观测资料分析结果，指导安全施工。

10. 堤身全断面填筑完毕后，应作整坡压实及削坡处理，并对堤防两侧护堤地面的坑洼进行铺填平整。

（三）铺料作业的要求

1. 铺料前应将已压实层的压光面层刨毛，含水量应适宜，过干时要洒水湿润。

2. 铺料要求均匀、平整。每层铺料厚度和土块直径的限制尺寸应通过碾压试验确定。

3. 严禁砂（砾）料或其他透水料与黏性土料混杂，上堤土料中的杂质应当清除。

4. 土料或砾质土可采用进占法或后退法卸料，砂砾料宜用后退法卸料；砂砾料或砾质土卸料时如发生颗粒分离现象，应将其拌和均匀。砂砾料分层铺填的厚度不宜超过30~35cm，用重型振动碾时，可适当加厚，但不超过60~80cm。

5. 铺料至堤边时，应在设计边线外侧各超填一定余量。人工铺料宜为10cm，机械铺料宜为30cm。

6. 土料铺填与压实工序应连续进行，以免土料含水量变化过大影响填筑质量。

（四）压实作业的要求

1. 施工前应先做碾压试验，确定碾压参数，以保证碾压质量能达到设计干密度值。

2. 碾压时必须严格控制土料含水率。土料含水率应控制在最优含水率±3%范围内。

3. 分段填筑，各段应设立标志，以防漏压、欠压和过压。上下层的分段接缝位置应错开。

4. 分段、分片碾压时，相邻作业面的搭接碾压宽度，平行堤轴线方向不应小于0.5m，垂直堤轴线方向不应小于3m。

5. 砂砾料压实时，洒水量宜为填筑方量的20%~40%；中细砂压实时的洒水量，应按最优含水率控制。

三、护岸护坡

护岸工程一般是布设在受水流冲刷严重的险工险段，其长度一般应从开始塌岸处至塌岸终止点，并加一定的安全长度。通常堤防护岸工程包括水上护坡和水下护脚两部分。水上与水下之分均指枯水施工期而言。护岸工程的原则是先护脚后护坡。

堤岸防护工程一般可分为坡式护岸（平顺护岸）、坝式护岸、墙式护岸等几种。

（一）坡式护岸

即顺岸坡及坡脚一定范围内覆盖抗冲材料，这种护岸形式对河床边界条件改变和对近岸水流条件的影响均较小，是一种较常采用的形式。

1. 护脚工程

下层护脚为护岸工程的根基，其稳固与否，决定着护岸工程的成败，实践中所强调的“护脚为先”就是对其重要性的经验总结。护脚工程及其建筑材料要求能抵御水流的冲刷及推移质的磨损；具有较好的整体性并能适应河床的变形；较好的水下防腐朽性能；便于水下施工并易于补充修复。经常采用的形式有抛石护脚、抛石笼护脚、沉排护脚等。

2. 护坡工程

护坡工程除受水流冲刷作用外，还要承受波浪的冲击及地下水外渗的侵蚀。因处于河道水位变动区，时干时湿，这就要求其建筑材料坚硬、密实、能长期耐风化。

目前，常见的护坡工程结构形式有：干砌石护坡、浆砌石护坡、混凝土护坡、模袋混凝土护坡等。

（二）坝式护岸

坝式护岸是指修建丁坝、顺坝，将水流挑离堤岸，以防止水流、波浪或潮汐对堤岸边坡的冲刷，这种形式多用于游荡性河流的护岸。

坝式防护分为丁坝、顺坝、丁顺坝、潜坝四种形式，坝体结构基本相同。丁坝护岸的要点如下：

丁坝是一种间断性的有重点的护岸形式，具有调整水流的作用。在河床宽阔、水浅流缓的河段，常采用这种护岸形式。

丁坝坝头底脚常有垂直旋涡发生，以致冲刷为深塘，故坝前应予以保护或将坝头构筑坚固，丁坝坝根须埋入堤岸内。

（三）墙式护岸

墙式护岸是指顺堤岸修筑竖直陡坡式挡墙，这种形式多用于城区河流或海岸防护。

在河道狭窄，堤外无滩且易受水冲刷，受地形条件或已建建筑物限制的重要堤段，常采用墙式护岸。

墙式防护（防洪墙）分为重力式挡土墙、扶壁式挡土墙、悬臂式挡土墙等形式。墙式护岸一般临水侧采用直立式，在满足稳定要求的前提下，断面应尽量减小，以减少工程量和少占地为原则。墙体材料可采用钢筋混凝土、混凝土和浆砌石等。墙基应嵌入堤岸护脚一定深度，以满足墙体和堤岸整体抗滑稳定及抗冲刷的要求。如冲刷深度大，还须采取抛石等护脚固基措施，以减少基础埋深。

混凝土护岸可采用大型模板或拉模浇筑，按规范施工。

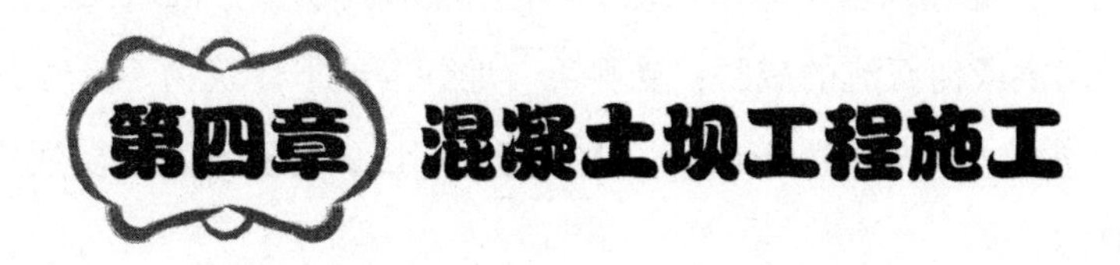

第四章 混凝土坝工程施工

第一节 混凝土生产及运输

一、混凝土生产系统

通常混凝土生产系统由拌和楼（站）、骨料储运设施、胶凝材料储运设施、外加剂车间、冲洗筛分车间、预冷热车间、空压站、试验室及其他辅助车间等组成。

（一）混凝土生产系统的设置与布置

1. 混凝土生产系统的设置

根据工程规模、施工组织的不同，水利水电工程可集中设置一个混凝土生产系统，也可设置两个或两个以上的混凝土生产系统。混凝土生产系统又可采取集中设置、分散设置或分标段设置。当混凝土建筑物较集中，混凝土运输线路短而流畅，全河床一次截流的水利水电工程多采用集中设置，如三门峡、新安江等。当河流流量大而宽阔的河段上，采用分期导流、分期施工方式时，一般按施工阶段分期设置混凝土生产系统，如葛洲坝、五强溪工程。而有些建设单位将相对独立的水工建筑物单独招标，并在招标文件中要求中标单位规划建设相应混凝土生产系统时，可按不同标段设置。

2. 混凝土生产系统的布置要求

（1）在不受爆破威胁或施工现场干扰的情况下，混凝土生产系统尽可能靠近浇筑地点，宜布置在浇筑部位同侧，距浇筑地点的距离应满足《水工混凝土施工规范》（DL/T 5144-2015）中混凝土运输时间要求。如在混凝土生产系统建设和使用过程中，周围有爆破施工，其布置还要满足爆破安全距离要求。

（2）厂址选择地质良好，合理利用地形，对拌和楼、水泥罐、制冷楼、堆料场地弄等属于高层或重载建筑物，地基要求较高，应设在稳定、坚实、承载能力满足要求的地基上。

（3）主要建筑物地面高程应高出当地 20 年一遇的洪水位，混凝土生产系统设在沟口时，要保证不受山洪或泥石流的威胁；受料坑、地弄等地下建筑物不受地下水位影响。

（4）原材料进料方向与混凝土出料方向错开，厂区的位置和高程要适应混凝土运输和浇筑施工方案要求。

（5）高层建筑物或料堆与输变电设备及线路保持足够的安全距离。

（二）混凝土拌和楼的选择

拌和楼是混凝土生产系统的主要部分，也是影响混凝土生产系统的关键设备。一般根据混凝土质量要求、浇筑强度、混凝土骨料最大粒径、混凝土品种和混凝土运输等要求选择拌和楼。

1. 混凝土的拌和设备及其生产能力的确定

混凝土制备是按照混凝土配合比设计要求，将其各组成材料（砂石、水泥、水、外加剂及掺和料等）拌和成均匀的混凝土料，以满足浇筑的需要。

混凝土制备的过程包括贮料、供料、配料和拌和。其中配料和拌和是主要生产环节，也是质量控制的关键。

（1）混凝土配料

配料是按混凝土配合比要求，称准每次拌和的各种材料用量。配料的精度直接影响混凝土质量。

按施工规范规定混凝土组成材料的配料量均以重量计。称量的允许偏差是：水泥掺合料、水、外加剂溶液为±1%，砂石骨料为±2%。

配料器是用于称量混凝土原材料的专门设备，其基本原理是悬挂式的重量秤。按所称料物的不同，可分为骨料配料器、水泥配料器和量水器等。

在自动化配料器中，装料、称量和卸料的全部过程都是自动控制的。自动化配料器动作迅速，称量准确，在混凝土拌和楼中应用很广泛。

（2）拌和机械

混凝土拌和由混凝土搅拌机进行，按照搅拌机的工作原理，可分为强制式、自落式和涡流式三种。

①强制式搅拌机利用固定在转动轴上的叶片旋转，从而带动混凝土材料进行强制拌

和，其特点是拌和时间短，混凝土拌和质量好，对水灰比和稠度的适应范围广。但当拌和大骨料、多级配、低坍落度碾压混凝土时，搅拌机叶片、衬板磨损快、耗量大、维修困难。

②自落式搅拌机的叶片固定在拌和筒内壁上，叶片和筒一起旋转，从而将材料带至筒顶，再靠材料自重跌落而拌和。其特点是结构简单，叶片和衬板磨损相对较小，单位混凝土生产成本低，可拌制骨料粒径较大的混凝土。自落式搅拌机应用很普遍，按其外形又分为鼓形和双锥形两种。

（3）涡流搅拌机具有自落式和强制式搅拌机的优点，靠旋转的涡流搅拌筒，由侧面的搅拌叶片将骨料提升，然后沿着搅拌筒内侧将骨料运送到强搅拌区，中搅拌轴上的叶片在逆向流中，对骨料进行强烈的搅拌，而不至于在筒体内衬上摩擦，这种搅拌机叶片与搅拌筒筒底及筒壁的间距较大，可防卡料，具有能耗低、磨损小、维修方便等优点。但混凝土拌和不够均匀，不适合搅拌大骨料，因此未广泛使用。

2. 拌和楼形式的选择

拌和楼从结构布置形式上可分为单阶式、双阶式和移动式三种形式；从搅拌机配置可分为自落式、强制式及涡流式等形式拌和楼。

（1）单阶式拌和楼

单阶式混凝土拌和楼是将骨料、胶凝材料、料仓、称量、拌和、混凝土出料等各工艺环节由上而下垂直布置在一座楼内，物料只做一次提升。这种楼型在国内外广泛采用，适用于混凝土工程量大，使用周期长，施工场地狭小的水利水电工程。单阶式混凝土拌和楼是集中布置的混凝土工厂，常按工艺流程分层布置，分为进料层、储料层、配料层、拌和层及出料层共五层。其中配料层是全楼的控制中心，设有主操纵台。

骨料和水泥用皮带机和提升机分别送到储料层的分格仓内，料仓有 5~6 格装骨料，有 2~3 格装水泥和掺和料。每格料仓装有配料斗和自动秤，称好的各种材料汇入集料斗内，再用回转式给料器送入待料的拌和机内，拌和用水则由自动量水器量好后，直接注入拌和机。拌好的混凝土卸入储料层的料斗，待运输车辆就位后，开启气动弧门出料。各层设备可由电子传动系统操作。

一座拌和楼通常装 2~4 台 1000 L 以上的锥形拌和机，呈巢形布置。拌和楼的生产容量有 4×3000 L、2×1600 L、3×1000 L 等，国内外均有成套设备可供选用。为了控制骨料超径引起的质量问题，可以采用运送混合骨料至拌和楼顶进行二次筛分。

（2）双阶式拌和楼

双阶式混凝土拌和楼是将直立式拌和楼分成两大部分。一部分是骨料进料、料仓储存及称量，另一部分是胶凝材料、拌和、混凝土出料控制等。两部分之间用皮带机沟通进料，一般布置在同一高程上，也可以利用地形高差布置在两个高程上。这种结构布置形式的拌和楼安装拆迁方便，时间短，机动灵活。小浪底工程混凝土生产系统 4×3000 L 拌和楼就采用这种结构形式。

（3）移动式拌和楼

移动式拌和楼一般用于小型水利水电工程，适合骨料粒径在 80mm 以下的混凝土。

二、混凝土运输的方式和方案

混凝土运输是混凝土施工中的一个重要环节，它运输量大、涉及面广，对工程质量和施工进度影响大。混凝土在运输过程中应保持原有的均匀性及和易性，不致发生分离、漏浆、严重泌水、过多温度回升和坍落度损失，无强度等级错误。混凝土运输应尽量缩短运输时间及减少转运次数。因故停歇过久，混凝土已初凝或已失去塑性时，应做废料处理。严禁在运输途中和卸料时加水。混凝土运输包括两个运输过程：从拌和机出口到浇筑仓跟前，主要是水平运输；从浇筑仓前到仓内，主要是垂（竖）直运输。

（一）混凝土水平运输方式

1. 有轨运输

一般为机车拖平板车立罐和机车拖侧卸罐车两种。

机车拖平板车立罐在我国水电建设工程中被广泛应用，这种运输方式运输能力大，运输过程中震动小，管理方便，特别适用于工程量大、浇筑强度高的工程。其主要缺点是：要求混凝土工厂与混凝土浇筑供料点之间高差小、线路的纵坡小、转弯的半径大，对复杂的地形变化适应性差，土建工程量大，修建工期长。

大型工程规模大、浇筑强度高，一般采用 1435mm 的准轨线路，中、小型工程多用 1000mm 或 762mm 窄轨线路，机车轨距主要取决于混凝土运输的强度、构件运输要求和现场布置条件。如果机车拖平板车在塔机的门架内穿过，机车及平板车与塔机门架之间，应有净空 1m 以上的安全距离。

机车拖挂 3~5 节平台列车，上放混凝土立式吊罐 2~4 个，直接到拌和楼装料。列车上预留 1 个罐的空位，以备转运时放置起重机吊回的空罐。这种运输方法，有利于提高机车和起重机的效率，缩短混凝土运输时间。

立罐容积有 $1m^3$、$3m^3$、$6m^3$、$9m^3$几种，容量大小应与拌和机及起重机的能力相匹配。立罐外壳为钢制品，装料口大，出料口小，并设弧门控制，用人力或气压启闭。

2. 无轨运输

一般指汽车运输，主要有混凝土搅拌车，自卸汽车、汽车运立罐及无轨侧卸料罐车等。

汽车运输的优点是：机动灵活，载重量较大，卸料迅速，应用广泛。与铁路运输相比，它具有投资少，道路容易修建，适应工地场地狭窄、高差变化大的特点。汽车运输的不足点是：运费高，振动大，容易使混凝土料漏浆和离析，质量不如有轨平台列车，事故率较高。因此汽车运输应遵守下列规定：

（1）运输混凝土的汽车应为专用；运输道路应保持平整。

（2）装载混凝土的厚度不应小于 40cm，车厢应平滑密闭不漏浆。

（3）每次卸料，应将所载混凝土卸净，并应适时清洗车厢（料罐）。

（4）汽车运输混凝土直接入仓时，必须有确保混凝土施工质量的措施。

3. 皮带机运输

皮带机运输可将混凝土直接入仓，也可作为转料设备。直接入仓皮带机主要有固定式和移动式两种：固定式即用钢排架支撑多条胶带通过仓面，每条胶带控制浇筑宽度 5~6m，每隔几米设置刮板，混凝土经过溜筒直垂下卸；移动式为仓面上的移动梭式胶带布料机与供应混凝土的固定胶带机正交布置，混凝土经过梭式胶带布料机分料入仓。

皮带机设备简单，操作方便，成本低，生产率高，但运输流态混凝土时容易分层离析，砂浆损失较为严重；薄层运输与大气接触面大，容易改变料的温度和含水量，影响混凝土质量。所以用各类皮带机（包括塔带机、胎带机等）运输混凝土时，应遵守下列规定：

（1）混凝土运输中应避免砂浆损失；必要时适当增加配合比的砂率。

（2）当输送混凝土的最大骨料粒径大于 80mm 时，应进行适应性试验，满足混凝土质量要求。

（3）皮带机卸料处应设置挡板、卸料导管和刮板，以防止混凝土料离析。

（4）皮带机布料应均匀，堆料高度应小于 1m。

（5）应有冲洗设施及时清洗皮带上粘附的水泥砂浆，并应防止冲洗水流入仓内。

（6）露天皮带机上宜搭设盖棚，以免混凝土受日照、风、雨等影响；低温季节施工时，应有适当的保温措施。

皮带运输机运输混凝土是一种连续工作，生产效率高，适用于地形高差大的工程部位，动力消耗小，操作管理人员少。但是，平仓振捣一定要跟上，否则一旦发生全线停运故障，停留在胶带上的大量混凝土难以处理。缺点是一次只能运送一种品种的混凝土料；夏季使用时预冷混凝土温度回升大，满足设计要求难度大。

（二）混凝土竖直运输方式

混凝土的竖直运输主要采用以下各类起重机械。

1. 履带式起重机

履带式起重机多由缆式挖掘机改装而成，直接在地面上开行，无需轨道。它的提升高度不大，但机动灵活、适应工地狭窄的地形，在开工初期能及早使用，生产率高。常与自卸汽车配合浇筑混凝土墩、墙或基础、护坦、护坡等。

2. 门式起重机和塔式起重机

门式起重机（又称门机）是一种大型移动式起重设备。它的下部为钢结构门架，门架底部装有车轮，可沿轨道移动。门架下可供运输车辆在同一高程上运行，具有结构简单、运行灵活、起重量大、控制范围较大，工作效率较高等优点，因此在大型水利工程中应用较普遍。

塔式起重机又称塔机或塔吊，是在门架上装置高达数十米的钢塔，用于增加起重高度。其起重臂多是水平的不能仰伏，靠起重小车（带有吊钩）沿起重臂水平移动，来改变起重幅度，所以控制范围是一个长方形的空间。塔机的稳定性和运行灵活性不如门机，当有6 级以上大风时，必须停止工作。由于塔顶旋转是由钢绳牵引，塔机只能向一个方向旋转 180°或 360°之后，再回转。相邻塔机运行时的安全距离要求大，相邻中心距不小于 34~85m。而门机却可任意转动。塔机适用于浇筑高坝，若将多台塔机安装在不同的高程上，可以发挥控制范围大的优点。

3. 缆式起重机

缆式起重机主要由一套凌空架设的缆索系统、起重小车、首塔架、尾塔架等组成，机房和操纵室一般设在首塔内。

缆索系统为缆机的主要组成部分，它包括承重索、起重索、牵引索和各种辅助索。承重索两端系在首塔和尾塔顶部，承受很大的拉力，通常用光滑、耐磨、抗拉弹度很高的钢丝制成，是缆索系统中的主索。起重索用于垂直方向升降起重钩。牵引索用于牵引起重小车沿承重索移动。首、尾钢塔架为三角形空间结构，分别布置在两岸较高的地方。

缆机的类型，一般按首、尾塔的移动情况划分，有固定式、平移式和辐射式三种：首、尾塔都固定者，为固定式缆机；首、尾塔都可移动的为平移式；尾塔固定，首塔沿弧形轨道移动者，为辐射式。

缆机适用于狭窄河床的混凝土坝浇筑。它不仅具有控制范围大、起重量大、生产率高的特点，而且能提前安装和使用，使用期长，不受河流水文条件和坝体高的影响，对加快主体工程施工具有明显的作用。缆机的起重量一般为 10~20 t，最大可达 45~50 t，跨度一般为 600 ~ 1000m，起重小车移动速度为 360 ~ 670m/min，吊钩垂直升降速度 100~290m/min，每小时可吊运混凝土罐 8~12 次。20 t 缆机浇筑强度可达 5~8 万 m^3/月。

4. 泵送混凝土运输机械

采用混凝土泵及其导管输送混凝土，能够保持混凝土原来的性能，它既可水平，也可垂直输送，常用在工作面狭窄的地方施工，如隧洞衬砌、导流底孔封堵等。采用较多的是柱塞式混凝土泵，利用柱塞在缸体内的往复运动，将混凝土拌和物沿管道连续压送到浇筑工作面。除此之外还有其他形式的混凝土泵，如风动输送式混凝土泵等。

（三）用溜筒、溜管、溜槽、负压（真空）溜槽运输混凝土

溜槽和溜管曾一度被作为运输混凝土的辅助设备，在混凝土的浇筑生产中得到了广泛的应用，主要用于高度不大的情况下滑送混凝土，可以将皮带机、自卸汽车、吊罐等运输来料转运入仓，也曾是大型混凝土运输机械设备难以顾及部位的有效入仓手段。随着水利施工技术的不断发展，特别是由于水工大型竖井的高度高达几十米至上百米，斜管道长达几百米，大坝两岸陡坡高度达几十米甚至数百米，带来了常规浇筑手段入仓的困难，这使得溜槽和溜管作为这些部位混凝土浇筑的主要运送设备，正被工程上所采用。

使用溜筒、溜管、溜槽、负压（真空）溜槽运输混凝土时，应遵守下列规定：

1. 溜筒（管、槽）内壁应光滑，开始浇筑前应用砂浆润滑筒（管、槽）内壁；当用水润滑时应将水引出仓外，仓面必须有排水措施。

2. 使用溜筒（管、槽），应经过试验论证，确定溜筒（管、槽）高度与合适的混凝土坍落度。

3. 溜筒（管、槽）宜平顺，每节之间应连接牢固，应有防脱落保护措施。

4. 运输和卸料过程中，应避免混凝土分离，严禁向溜筒（管、槽）内加水。

5. 当运输结束或溜筒（管、槽）堵塞经处理后，应及时清洗，且应防止清洗水进入

新浇混凝土仓内。

施工规范结合我国北京十三陵抽水蓄能电站施工经验给出参考数据，当混凝土坍落度5~7cm时，溜管垂直运输可在150m以内，斜管运输倾角宜大于30°，长度可在250m以内。采用溜槽运输时，倾角30°~60°，长度宜在100m以内，当超过此长度应改用溜管。

（四）混凝土的运输浇筑方案

混凝土供料运输和入仓运输的组合形式，称为混凝土运输方案。它是坝体混凝土施工中的一个关键性环节，必须根据工程规模和施工条件，合理选择。

1. 自卸汽车结合履带式起重机运输浇筑方案

混凝土由自卸汽车卸入卧罐，再由履带式起重机吊运入仓。这种方案机动灵活，适应工地狭窄的地形。自卸汽车在工地使用较多，履带式起重机可由挖掘机改装而成，所以此方案能及早投入使用，充分发挥机械的利用率。但履带式起重机在负荷下不能变幅，兼受工作面与供料线路的影响，常须随工作面而移动机身，控制高度不大。仅适用于岸边溢洪道、护坦、厂房基础、低坝等混凝土工程。

2. 门、塔机结合栈桥运输浇筑方案

采用门机和塔机吊运混凝土浇筑方案，常在平行于坝轴线方向架设栈桥，并在栈桥上安设门、塔机。混凝土水平运输车辆常与门、塔机共用一个栈桥桥面，以便向门、塔机供料。

施工栈桥是临时性建筑物，一般由桥墩、梁跨结构和桥面系统三部分组成，桥上行驶起重机（门机或塔机），运输车辆（机车或汽车）。设置栈桥的目的有两个：一是为了扩大起重机的控制范围，增加浇筑高度；二是为起重机和混凝土运输提供开行线路，使之与浇筑工作面分开，避免相互干扰。常见栈桥的布置方式有以下几种。

（1）单线栈桥

当建筑物的宽度不太大时，栈桥设于坝底宽度的1/2左右处，可控制大部分浇筑部位。栈桥可一次到顶，也可以分层加高。分层加高有利于及早投产，避免吊罐下放过深，能简化桥墩结构。但施工过程中要加高栈桥，改变运输线路，对主体工程施工有影响。

（2）双线栈桥

对于较宽的建筑物，为便于全面控制而布置双线栈桥。双线栈桥常为一主一辅，主栈桥担任大部分浇筑任务，辅栈桥主要担任水平运输任务。这种布置方式，在坝后式厂房与河床式厂房应用较多。

(3) 多线多高程栈桥

对于坝底宽度特大的高坝工程，常须架设多线多高程栈桥。近年来，由于高架门机和巨型塔机的应用，可简化这种布置方式。

门式、塔式起重机布置应考虑下列因素：

(1) 栈桥布置应满足施工期防洪要求，栈桥高程与混凝土供料线高程相协调；

(2) 栈桥宜平行坝轴线布置，在混凝土浇筑过程中避免拆迁；

(3) 栈桥形式应通过技术经济比较和工期要求等因素分析确定。

在选择栈桥布置方式、确定栈桥位置和高程时，除了要保证建筑物的控制范围和主要工程量之外，还必须考虑与水平运输衔接、施工导流、防洪度汛等问题，并尽量减少门、塔机搬迁次数，避免或减少对主体工程的影响。对于兼有水平运输任务的栈桥，桥面高程应与拌和楼出料高程相协调。

门、塔机结合栈桥方案的优点是布置比较灵活，控制范围大，运输强度高。而且门、塔机为定型设备，机械性能稳定，可多次拆装使用，所以它是大坝、厂房混凝土施工最常见的方案。这种方案的缺点是，修建栈桥和安装门、塔机需要占用一段工期，往往影响主体工程施工；而且栈桥下部形成浇筑盲区（称为栈桥压仓），须用溜管、溜槽等辅助运输设备方能浇筑，或待栈桥拆除后浇筑。此外，坝内栈桥在施工初期难于形成；坝外低栈桥控制范围有限，且受导流方式的影响和汛期洪水的威胁。

3. 缆机运输浇筑方案

在河床狭窄的地段上修建混凝土坝多采用缆机。如东江、五强溪、隔河岩、万家寨等工程均采用缆机，三峡工程采用了两台跨度为 1416m、塔架高 125m、起重量 20 t 的摆塔式缆机。

缆机布置，主要是根据枢纽建筑物外形尺寸和河谷两岸地形地质条件，确定缆机跨度和缆塔架顶部高程。

缆索式起重机布置应考虑下列因素：

(1) 适用于河谷较窄的坝址；

(2) 缆索式起重机形式根据两岸地形、地质、坝型及工程布置、浇筑强度、设备布置等条件进行技术经济比较后选定；

(3) 混凝土供料线应平直，设置高程宜接近坝顶，供料线的宽度和长度应满足混凝土施工及辅助作业的要求，不宜低于初期发电水位；不占压或少占压坝块；

(4) 承重缆垂度可取跨度的 5%，缆索端头高差宜控制在跨度的 5% 以内；供料点与塔顶水平距离不宜小于跨度的10%。

缆机方案布置，有时由于地形地质条件限制，或者为了节约缆机平台工程量和设备投资，往往缩短缆机跨度和塔架高度，甚至将缆机平台降至坝顶高程。这时，需要其他运输设备配合施工，还可以采用缆机和门、塔机结合施工的方案。

4. 皮带机运输混凝土

采用皮带机运输方案，常用自卸汽车运料到浇筑地点，卸入转料储料斗后，再经皮带机转运入仓，每次浇筑的高度约10m左右。适用于基础部位的混凝土运输浇筑，如水闸底板、护坦等。

5. 混凝土运输浇筑方案的选择

混凝土运输浇筑方案对工程进度、质量、工程造价等产生直接影响，须综合各方面的因素，经过技术、经济比较后进行选定。

（1）在方案选择时，应遵守下列原则：

①混凝土生产、运输、浇筑、养护和温度控制措施等各施工环节衔接合理；

②施工工艺先进，设备配套合理，综合生产效率高；

③运输过程的中转环节少，运距短，温度控制措施简易、可靠；

④初、中、后期浇筑强度协调平衡；

⑤混凝土施工与金属结构、机电安装之间干扰少；

⑥确定方案时还要考虑混凝土浇筑程序、各期浇筑部位和高程划分应与供料线路、起吊设备布置和机电安装进度相协调，并符合相邻块高差及温度控制等有关规定。各期工程形象进度应能适应截流、拦洪度汛、封孔蓄水等要求。

上述各种因素互相依存、互相制约。因此，必须结合工程实际，拟出几个可行方案进行全面的技术经济比较，最后选定技术上先进、经济上合理、设备供应现实的方案。

（2）在选择运输浇筑方案时，设备选择上应遵守下列原则：

①起吊设备能控制整个平面和高程上的浇筑部位；

②主要设备性能良好，生产率高，配套设备能发挥主要设备的生产能力；

③在固定的工作范围内能连续工作，设备利用率高；

④浇筑间歇能承担模板、金属构件及仓面小型设备吊运等辅助工作；

⑤不压浇筑块，或不因压块而延长浇筑工期；

⑥生产能力在保证工程质量前提下能满足高峰时段浇筑强度要求；

⑦混凝土宜直接起吊入仓；混凝土浇筑、运输宜选用先进、高效、可靠的设备；

⑧当混凝土运距较远，宜用混凝土搅拌运输车。

（3）在选择运输浇筑方案时，还可参考以下工程经验：

①高度较大的建筑物，其工程规模和混凝土浇筑强度较大，混凝土垂直运输占主要地位。常以门塔机—栈桥、缆机、塔带机为主要方案，以履带式起重机及其他较小机械设备为辅助措施。在较宽河谷上的高坝施工，常采用缆机与门、塔机（或塔带机）相结合的混凝土运输浇筑方案。

②高度较低的建筑物，如低坝、水闸、船闸、厂房、护坦及各种导墙等，可选用门机、塔机、履带式起重机、皮带机等作为主要方案。

③工作面狭窄部位，如隧洞衬砌、导流底孔封堵、厂房二期混凝土部分回填等，可选择混凝土泵、溜管、溜槽、皮带机等运输浇筑方案。

第二节　常态混凝土筑坝

一、模板工程

模板作业是钢筋混凝土工程的重要辅助作业。模板的主要作用是对新浇混凝土起成型和支承作用，同时还具有保护和改善混凝土表面质量的作用。模板工程量大，材料和劳动力消耗多，正确选择模板类型和合理组织施工，对加快施工进度和降低工程造价意义重大。

（一）模板的基本类型

按使用材料可分为木模板、钢模板、钢木混合模板、预制混凝土和钢筋混凝土模板、铝合金模板和塑料模板等。

按模板形状可分为平面模板和曲面模板。

按受力条件可分为承重模板和侧面模板；侧面模板按其支承受力方式，又分为简支模板、悬臂模板和半悬臂模板。

按架立和工作特征，模板可分为固定式、拆移式、移动式和滑动式。

固定式模板多用于起伏的基础部位或特殊的异形结构如蜗壳或扭曲面，因大小不等，形状各异，难以重复使用。拆移式、移动式、滑动式可重复或连续在形状一致或变化不大的结构上使用，有利于实现标准化和系列化。

（二）模板使用的材料

现行《水电水利工程模板施工规范》（DL/T 5110-2013）中规定：模板的材料宜选用钢材、胶合板、塑料等，模板的支架材料宜选用钢材，尽量少用木材，所选用的材料质量应符合相应材料规范的有关规定。

1. 木模板

由木材面板、加劲肋和支架三个基本部分组成。加劲肋把面板联结起来，并由支架安装在混凝土浇筑块上，形成浇筑仓。对于应用在水电站的蜗壳、尾水等因形状复杂，断面随结构形体曲线而变化的部位的模板，先按结构设计尺寸制作若干形状不同的排架，然后分段拼装成整体，表面用薄板覆盖，吊装就位，形成浇筑仓。由于木模版重复利用次数低（即周转率）为5~10次，木材消耗量大，除一些特殊部位混凝土施工使用外，木模板已逐渐被组合钢模板代替。

2. 钢模板

钢模板由面板和支撑体系两部分组成。工程上常用组合钢模板，其面板一般是以一定整倍数的标准化单块模板组成，支撑体系由纵横联系梁及连接件组成。联系梁一般采用薄壁槽钢、薄壁矩形或圆形断面钢管；连接件包括U形卡、L形插销、钩头螺栓、蝶形扣件等。组合钢模板常用于水闸、混凝土坝、水电站厂房等工程。

3. 预制混凝土模板

预制混凝土及钢筋混凝土预埋式模板，既是模板，也可以浇筑后不予拆除作为建筑物的护面结构。通常采用的预制混凝土模板有如下几种：

（1）素混凝土模板

靠自重稳定，可做直壁模板，也可做倒悬模板。

直壁模板除面板外，还靠两肢等厚的肋墙维持其稳定。若将此模板反向安装，让肋墙置于仓外，在面板上涂以隔离剂，待新浇混凝土达到一定强度后，可拆除重复使用，这时，相邻仓位高程大体一致。例如，可在浇筑廊道的侧壁或把坝的下游面浇筑成阶梯进行使用。倒悬式混凝土预制模板可取代传统的倒悬木模板，一次埋入现浇混凝土内不再拆除，既省工，又省木材。

（2）钢筋混凝土模板

钢筋混凝土模板既可做建筑物表面的镶面，也可做厂房、空腹坝空腹和廊道顶拱的承重模板。这样避免了高架立模，既有利于施工安全，又有利于加快施工进度，节约材料，降低成本。

预制混凝土和钢筋混凝土模板重量均较大，常需起重设备起吊，所以在模板预制时都应预埋吊环供起吊用。对于不拆除的预制模板，对模板与新浇混凝土的接合面须进行凿毛处理。

（三）模板架立和工作特征

按架立和工作特征，模板可分为固定式、拆移式、移动式和滑动式。

1. 永久性模板

在混凝土浇筑后不拆除的模板，当永久性模板构成永久结构的一部分时，应征得设计部门的同意。当混凝土重力式竖向模板被用作永久性模板时，规范对其设计和施工给出相应的参考指标：设计面板厚度大于0.2m；单位面积的重量G=每块模板自重/面板面积≥1.0 t/m^2；稳定特性值X（即混凝土模板的重心到前趾的水平距离）=自重产生的稳定力矩/每块模板自重≥0.4m；抗倾覆及抗滑安全系数均应大于1.2。

制作和安装混凝土、钢筋混凝土及预应力钢筋混凝土模板，应制定专门的技术措施和工艺操作规程。

当金属模板成为结构的整体部分被用作永久性模板时，其形状、标准高度、外形尺寸、物理性能和表面处理应符合设计要求。

永久性承重模板应正确地固定在支承构件上或相邻的模板构件上，且搭接正确，接缝严密，防止漏浆。

2. 拆移式模板

（1）悬臂模板机械（有停有离）间歇

由面板、支承柱和预埋联结件组成。面板采用定型组合钢模板拼装或直接用钢板焊制。支承模板的立柱，为型钢梁和钢桁架两种，视浇筑块高度而定。预埋在下层混凝土内的联结件有螺栓式和插座式（U形铁件）两种。

（2）半悬臂模板

常用高度有3.2m和2.2m两种。半悬臂模板结构简单，装拆方便，但支承柱下端固结程度不如悬臂模板，故仓内需要设置短拉条，对仓内作业有影响。

2. 移动式模板

对定型的建筑物，根据建筑物外形轮廓特征，做一段定型模板，在支承钢架上装上行驶轮，沿建筑物长度方向铺设轨道分段移动，分段浇筑混凝土。移动时，只须将顶推模板的花兰螺丝或千斤顶收缩，使模板与混凝土面脱开，模板可随同钢架移动到拟浇混凝土部位，再用花兰螺丝或千斤顶调整模板至设计浇筑尺寸。移动式模板多用钢模板，作为浇筑混凝土墙和隧洞混凝土衬砌使用。

3. 自升悬臂模板

这种模板的面板由组合钢模板组装而成，桁架、提升柱由型钢、钢管焊接而成。这种模板的突出优点是自重轻，自升电动装置具有力矩限制与行程控制功能，运行安全可靠，升程准确。模板采用插挂式锚钩，简单实用，定位准，拆装快。

4. 滑动式模板

滑动式模板是在混凝土浇筑过程中，随浇筑而滑移（滑升、拉升或水平滑移）的模板，简称滑模，以竖向滑升应用最广。

滑动式模板是先在地面上按照建筑物的平面轮廓组装一套 1.0~1.2m 高的模板，随着浇筑层的不断上升而逐渐滑升，直至完成整个建筑物计划高度内的浇筑。

滑模施工可以节约模板和支撑材料，加快施工进度，改善施工条件，保证结构的整体性，提高混凝土表面质量，降低工程造价。缺点是滑模系统一次性投资大，耗钢量大，且保温条件差，不宜于低温季节使用。

滑模施工最适于断面形状尺寸沿高度基本不变的高耸建筑物，如竖井、沉井、墩墙、烟囱、水塔、筒仓、框架结构等的现场浇筑，也可用于大坝溢流面、双曲线冷却塔及水平长条形规则结构、构件施工。

（二）模板的设计荷载及其组合

模板及其支承结构应具有足够的强度、刚度和稳定性，必须能承受施工中可能出现的各种荷载的最不利组合，其结构变形应在允许范围以内。模板设计时，应考虑下列各项荷载：

1. 模板的自身重力，应根据模板设计图纸确定（包括固定设备）。

2. 新浇混凝土的重力，对普通混凝土可采用 24 kN/m^3，对其他混凝土可根据实际表观密度确定。

3. 钢筋和预埋件重力，对一般梁板结构，每立方米钢筋混凝土的钢筋自重标准值可采用数值：楼板 1.1 kN；梁 1.5 kN。

4. 施工人员和机具设备的重力：计算模板及直接支撑模板的小楞时，对均布荷载 2.5 kN/m^2，另应以集中荷载 2.5 kN 进行验算，比较两者所得的弯矩值，按其中较大者采用；计算直接支承小楞结构构件时，均布荷载取1.5 kN/m；计算支架立柱及其他支承结构构件时，均布荷载取1.0 kN/m。

5. 振捣混凝土产生的荷载标准值，对水平面模板可采用2.0 kN/m^2；对垂直面模板可采用4.0 kN/m^2（作用范围在新浇筑混凝土侧压力的有效压头高度之内）。

6. 新浇混凝土的侧压力，采用内部振捣器时，最大侧压力可按下列二式计算，并取二式中的较小值。

$$F = 0.22\gamma_c t_0 \beta_1 \beta_2 v_1 / 2 \tag{4-1}$$

$$F = \gamma_c H \tag{4-2}$$

式中

F——新浇混凝土对模板的最大侧压力，kN/m^2；

γ_c——混凝土的表观密度，kN/m^3；

t_0——新浇混凝土的初凝时间，h，可按实测确定，当缺乏试验资料时，可采用 t_0 = 200/（T+15）计算（T为混凝土的浇筑温度,℃）；

v_1——混凝土的浇筑速度，m/h；

H——混凝土侧压力计算位置处至新浇混凝土顶面的总高度，m；

β_1——外加剂影响修正系数，不掺外加剂时取1.0，掺具有缓凝作用的外加剂时取1.2；

β_2——混凝土坍落度影响修正系数，当坍落度小于30mm时，取0.85；当坍落度为30~90mm时，取1.0；当坍落度大于90mm时，取1.15。

重要部位的模板承受新浇筑混凝土的侧压力，应通过实测确定。

7. 新浇混凝土的浮托力。

8. 倾倒混凝土时产生的荷载。倾倒混凝土时对模板产生的冲击荷载，应通过实测确定。

9. 风荷载，按现行《建筑结构荷载规范》（GB 50009-2012）确定。

10. 除以上9项荷载以外的其他荷载。

（三）荷载组合

在计算模板及支架的强度和刚度时，应根据模板的种类及施工具体情况，在表4-1的基本荷载组合中选择。特殊荷载组合可按实际情况考虑核算，如平仓机、非模板工程的脚手架、工作平台、混凝土浇筑过程中不对称的水平推力及重心偏移、超过规定堆放的材料等情况。

表 4-1　倾倒混凝土时产生的水平荷载标准值　单位：kN/m^2

模板类别	荷载组合	
	计算承载能力	验算刚度
薄板和薄壳的底模板	1、2、3、4	1、2、3、4
厚板、梁和拱的底模板	1、2、3、4、5	1、2、3、4、5
梁、拱、柱（边长≤300mm）、墙（厚≤400mm）的侧面垂直模板	5、6	6
大体积结构、厚板、柱（边长>300mm）、墙（厚>400mm）的垂直侧面模板	6、8	6、8
悬臂模板	1、2、3、4、5、8	1、2、3、4、5、8
隧洞衬砌模板台车	—	—
注：当底模板承受倾倒混凝土时产生的荷载对模板的承载能力和变形有较大影响时，应考虑荷载 8		

（三）模板的制作、安装和拆除

1. 模板的制作

大中型混凝土工程通常由专门的加工厂制作模板，可采用机械化流水作业，有利于提高模板的生产率和工作质量。

2. 模板的安装

模板安装必须按设计图纸测量放样，对重要结构应多设控制点，以利检查校正。模板安装过程中，必须经常保持足够的临时固定设施，以防倾覆。模板与混凝土的接触面，以及各块模板接缝处，必须平整、密合，以保证混凝土表面的平整度和混凝土的密实性。模板的面板应涂脱模剂，但应避免脱模剂污染或侵蚀钢筋和混凝土。模板安装完成后，要进行质量检查，检查合格后，才能进行下一道工序。模板安装的允许偏差，应根据结构物的安全、运行条件、经济和美观等要求确定。大体积混凝土以外的一般现浇结构模板安装的允许偏差，和预制构件模板安装的允许偏差应按现行规范执行。

3. 模板的拆除

拆模的早晚，影响着混凝土质量和模板的使用周转率。施工规范规定：

（1）现浇结构的模板拆除时的混凝土强度，应符合设计要求；对于非承重侧面模板，规范中没有给出具体拆模时的混凝土强度，施工中可参照类似工程。一般情况下，混凝土强度应达到2.5mPa以上，大约需2~7d（夏天2~4d，冬天5~7d）。混凝土表面质量要求高的部位，拆模时间宜晚一些。

（2）预制构件模板拆除时的混凝土强度，应符合设计要求；当设计无具体要求时，应符合下列规定：

侧模：在混凝土强度能保证构件不变形、棱角完整时，方可拆除；

芯模或预留孔洞的内模：在混凝土强度能保证构件和孔洞表面不发生坍陷和裂缝后，方可拆除；

底模：当构件跨度不大于4m时，在混凝土强度符合设计的混凝土强度标准值的50%的要求后，方可拆除；当构件跨度大于4m时，在混凝土强度符合设计的混凝土强度标准值的75%的要求后，方可拆除。

拆模程序和方法：拆模时按照在同一浇筑仓的模板“先装的后拆，后装的先拆”的原理，根据锚固情况，分批拆除锚固连接件，防止大片模板坠落。拆模应使用专门工具，以减少混凝土及模板的损坏。拆下的模板、支架及配件应及时清理、维修。暂时不用的模板应分类堆存，妥善保管；钢模应做好防锈，设仓库存放。大型模板堆放时，应垫平放稳，并适当加固，以免翘曲变形。

二、混凝土坝的分缝与分块

为控制坝体施工期混凝土温度应力并适应施工机械设备的浇筑能力，需要用垂直于坝轴线的横缝和平行于坝轴线的纵缝以及水平缝，将坝体划分为许多浇筑块进行浇筑。纵横缝的划分应根据坝基地形地质条件、坝体布置、坝体断面尺寸、温度应力和施工条件等因素通过技术经济比较确定。

横缝间距一般设计为15~20m。横缝间距超过22m或小于12m时，应作论证。

纵缝间距一般划分为15~30m。块长超过30m应严格温度控制。高坝通仓浇筑应有专门论证，应注意防止施工期和蓄水以后上游面产生深层裂缝。

（一）纵缝分块法

纵缝平行坝轴线，可采用竖缝形式，缝面应设置键槽，并须埋设灌浆系统进行灌浆。纵缝也可在某个高程进行并缝，如延伸至坝面，应与坝面垂直相交。设置纵缝的目的，是为避免产生基础约束裂缝。纵缝分块的优点是：温度控制比较有把握，将坝段分成独立的柱状体可以分别上升，相互干扰小，混凝土浇筑工艺比较简单，施工安排灵活。缺点是：纵缝将仓面分得较窄小，使模板工作量增加，且不便于大型机械化施工；为了恢复坝的整体性，后期需要对纵缝进行接缝灌浆处理，坝体蓄水兴利受到灌浆冷却工期的限制。

竖缝形式的纵缝在纵缝面上应设键槽以增加纵缝灌浆后的抗剪能力。键槽常为直角三角形，其短边和长边应分别与坝的第一、第二主应力正交，使键槽面承压而不承剪。

（二）斜缝分块法

斜缝一般往上游倾斜，其缝面与坝体第一主应力方向大体一致，从而使缝面上的剪应力基本消除。因此，斜缝面只需要设置梯形键槽、加插筋和凿毛处理，不必进行斜缝灌浆。为了坝体防渗的需要，斜缝的上端应在离迎水面一定距离处终止，并在终点顶部加设并缝钢筋或并缝廊道。斜缝适用于中、低坝，可不灌浆；用于高坝时应经论证。

（三）错缝分块法

分块时将块间纵缝错开，互不贯通，错距等于层厚的1/3～1/2，故坝的整体性好，也不需要进行纵缝灌浆。但错缝分块高差要求严格，由于浇筑块相互搭接，浇筑次序须按一定规律安排，施工干扰很大，施工进度较慢，同时在纵缝上下端因应力集中容易开裂。

（四）通仓浇筑法

坝段内不设纵缝，逐层往上浇筑，不存在接缝灌浆问题。由于浇筑仓面大，可节省大量模板，便于大型机械化施工，有利于加快施工进度，提高坝的整体性。但是，大面积浇筑，受基岩和老（已凝固）混凝土的约束大，容易产生温度裂缝。为此，温度控制要求很严格，除采用薄层浇筑、充分利用自然散热之外，还必须采取多种预冷措施，允许温差控制在15～18℃。

上述四种分块方法，以竖缝形式的纵缝法最为普遍；中低坝可采用错缝法或不灌浆的斜缝；如采用通仓浇筑，应有专门论证和全面的温控设计。

三、混凝土的浇筑工艺

混凝土坝的混凝土浇筑工艺流程为：浇筑前的准备；入仓铺料；平仓、振捣；养护。

（一）浇筑前的准备

浇筑前的准备工作有：地基面的处理；施工缝和结构缝的处理；设置卸料入仓的辅助

设备（如栈桥、溜槽、溜管等）；立模、钢筋架设；预埋构件、冷却水管、观测仪器；人员配备、浇捣设备、风水电设施的布置；浇筑前的质量检查等。

1. 地基面处理

为了保证所浇筑的混凝土和地基紧密结合，浇捣前必须按设计要求对地基面进行妥善的处理。

对岩基面的处理，详见第三章的有关内容。对砂砾石地基，应先清除杂物，将地面整平，再洒水浸湿，使其湿度与最优强度时的湿度相符，并浇厚 10～20cm 的低标号混凝土作垫层，以防漏浆。对土基，应避免破坏或扰动原状土壤，可先用碎石（厚 10～20cm）垫底，上盖湿砂（厚约 5cm），加以压实，再浇厚 10～20cm 的低标号混凝土作垫层，以防漏浆。

2. 施工缝的处理

浇筑块间的新老混凝土接合面就是施工缝。在新混凝土浇筑前，必须对老混凝土表面加以处理，将其表面的软弱乳皮（含游离石灰的水泥膜）清除干净，使其表面成为干净的有一定石子半露的麻面，以利新老混凝土的紧密结合。

当用纵缝分块时，纵缝面上则不需凿毛，但须冲洗清扫，以利灌浆。

3. 模板、钢筋和预埋件的安设

这道工序应做到规格、数量无误，定位准确，连接牢靠。

4. 开仓前全面检查

仓面准备就绪，风、水、电及照明布置妥当后，经质检部门全面检查，发给准浇证后，才允许开仓浇筑。一经开仓则应连续浇筑，避免因中断而出现冷缝。

（二）入仓铺料

浇筑混凝土前，基面的浇筑仓和老混凝土上的迎水面浇筑仓，在浇筑第一层混凝土前必须先铺一层厚 2～3cm 的水泥砂浆，砂浆的水灰比应较混凝土的水灰比低 0.03～0.05。

（三）平仓、振捣

1. 平仓

平仓就是把卸入仓内成堆的混凝土铺平到要求的均匀厚度，可采用振捣器平仓。振捣器先斜插入料堆下部，然后再一次一次地插向上部，使流态混凝土在振捣器作用下自行摊平。但须注意，使用振捣器平仓，不能代替下一个工序的振捣密实。在平仓振捣时不应造成砂浆与骨料离析。近年来，在大型水利水电工程的混凝土施工中，已逐渐推广使用平仓机（或湿地推土机）进行混凝土平仓作业，大大提高了工作效率，减轻劳动强度；但要求仓面大，仓内无拉条等障碍物。

2. 振捣

振捣的目的是使混凝土密实，并使混凝土与模板、钢筋及预埋件紧密结合。振捣是混凝土施工中最关键的工序，应在混凝土平仓后立即进行。

混凝土振捣主要采用振捣器进行。其原理是利用振捣器产生的高频率、小振幅的振动作用，减小混凝土拌和物的内摩擦力和黏结力，从而使塑态混凝土液化、骨料相互滑动而紧密排列、砂浆充满空隙、空气被排出，以保证混凝土密实，并使液化后的混凝土填满模板内部的空间，且与钢筋紧密结合。

（四）混凝土养护

养护就是在混凝土浇筑完毕后的一段时间内保持适当的温度和足够的湿度，形成良好的混凝土硬化条件。养护是保证混凝土强度增长、不发生开裂的必要措施。

养护分洒水养护和养护剂养护两种方法。洒水养护就是在混凝土表面覆盖上草袋或麻袋，并用带有多孔的水管不间断地洒水。采用养护剂养护，就是在混凝土表面喷一层养护剂，等其干燥成膜后再覆盖上保温材料。

塑性混凝土应在浇筑完毕后6~18 h内开始洒水养护，低塑性混凝土应在浇筑完毕后立即喷雾养护，并及早开始洒水养护。而且应连续养护，养护期内始终保持混凝土表面的湿润。养护持续期应符合DL/T 5144-200K《水工混凝土施工规范》（DL/T 5144-2015）的要求，一般不少于28d，有特殊要求的部位宜适当延长养护时间。

第三节　碾压混凝土筑坝技术

碾压混凝土是水泥用量和用水量都较少的干硬性混凝土，通常掺入一定比例的粉煤灰等粉状掺和料。碾压混凝土筑坝是用搅拌机拌和，自卸汽车、皮带运输机等设备运输，用摊铺机将混凝土薄层摊铺，用振动碾压实的方法筑坝。

一、碾压混凝土筑坝技术的特点

（一）采用低稠度干硬混凝土

碾压混凝土的稠度（工作度）用 VC 值（vibrating compaction）来表示，即在规定的振动台上将碾压混凝土振动达到表面液化所需时间（以 s 计）。VC 值是检测碾压混凝土的可碾性，并用来控制碾压混凝土相对压实度。VC 值的大小应兼顾既要压实混凝土，又不至于使碾压机具陷车。国内 VC 值通常控制在 10±5 s。较低的 VC 值便于施工，可提高碾压混凝土的层间结合和抗渗性能。随着混凝土制备技术和浇筑作业技术的改进，碾压混凝土施工的稠度也在向降低方向发展。

（二）掺粉煤灰并简化温控措施

由于碾压混凝土是干贫混凝土，要求掺水量少，水泥用量也很少。为保持混凝土有必要的胶凝材料，必须掺入大量粉煤灰。这样不仅可以减少混凝土的初期发热量，增加混凝土的后期强度，简化混凝土的温控措施，而且有利于降低工程成本。当前我国碾压混凝土坝广泛采用中等胶凝材料用量（低水泥用量，高掺量粉煤灰）的干硬混凝土，胶凝材料一般在 150kg/m^{3}左右，粉煤灰的掺量占总胶凝材料的 50%~70%，而且选用的粉煤灰要求达到Ⅱ级以上。中等胶凝材料用量使得层面泛浆较多，有利于改善层面自我结合，但对于较低重力坝而言，可能会造成混凝土强度的过度富裕，可以考虑使用较低胶凝材料用量。

（三）采用通仓薄层浇筑

碾压混凝土坝不采用传统的块状浇筑法，而采用通仓薄层浇筑。这样可增加散热效果，取消冷却水管，减少模板工程量，简化仓面作业，有利于加快施工进度。碾压层的厚度不仅与碾压机械性能有关，而且与采用的设计准则和施工方法密切相关。RCD 工法碾压层厚度通常为 50cm、75cm、100cm，间歇上升，层面须做处理；而 RCC 工法则采用碾压层厚 30cm 左右，层间不做处理，连续上升。

（四）大坝横缝采用切缝法形成诱导缝

混凝土坝一般都设横缝，分成若干坝段以防止横向裂缝。碾压混凝土坝也是如此，但碾压混凝土坝是若干个坝段一起施工，所以横缝要采用振动切缝机切缝，或设置诱导孔等方法形成横缝。坝段横缝填缝材料一般采用塑料膜、铁片或干砂等。

（五）靠振动压实机械使混凝土达到密实

普通流态混凝土靠振捣器械使混凝土达到密实，而碾压混凝土靠振动碾碾压使混凝土达到密实。碾压机械的振动力是一个重要指标，在正式使用之前，碾压机械应通过碾压试验来检验其碾压性能、确定碾压遍数及行走的速度。

三、碾压混凝土原材料及配比

（一）胶凝材料

碾压混凝土一般采用硅酸盐水泥或矿渣硅酸盐水泥，掺30%~65%粉煤灰，胶凝材料用量一般为120~160kg/m^3，《水工碾压混凝土施工规范》（DL/T 5112-2021）中规定，大体积建筑物内部碾压混凝土的胶凝材料用量不宜低于130kg/m^3，其中水泥熟料用量不宜低于45kg/m^3。

（二）骨料

与常态混凝土一样，可采用天然骨料或人工骨料，骨料最大粒径一般为80mm，迎水面用碾压混凝土自身作为防渗体时，一般在一定宽度范围内采用二级配碾压混凝土。碾压混凝土砂率比一般常态混凝土高，二级配砂率范围为32%~37%，二级配砂率范围为28%~32%。对砂的含水率的控制要求比常态混凝土严格，砂的含水量不稳定时，碾压混凝土施工层面易出现局部集中泌水现象。砂的含水率在混凝土拌和前应控制在6%以下。砂的细度模数控制在2.4~3.0之间。

（三）外加剂

一般应掺用缓凝减水剂，并掺用引气剂，增强碾压混凝土的抗冻性。

（四）碾压混凝土配合比

碾压混凝土配合比应满足工程设计的各项指标及施工工艺要求，包括：

1. 混凝土质量均匀，施工过程中粗骨料不易发生离析。如减小骨料最大粒径，增加胶凝材料总量，选用适当的外加剂，增大砂率等都是有效防止骨料分离的措施。

2. 工作度（稠度）适当，拌和物较易碾压密实，混凝土容重较大。一般来说，碾压混凝土愈软（VC 值愈小），压实愈容易，但是碾压混凝土过软，会出现陷碾现象。

3. 拌和物初凝时间较长，易于保证碾压混凝土施工层面的良好黏结，层面物理力学性能好。可采用拌和物中掺入缓凝剂，以延长混凝土保塑时间。

4. 混凝土的力学强度、抗渗性能等满足设计要求，具有较高的拉伸应变能力。由于碾压混凝土不同于常态混凝土的工艺特点，所以与常态混凝土配合比设计有如下差异：常态混凝土配合比设计强度是以出机口随机取样平均值为其设计强度，使用常规的通用计算公式。而碾压混凝土由于受到混凝土出机至混凝土碾压结束工艺条件的制约，往往产生骨料离析、出机到碾压结束时间过长、稠度丧失过多、碾压不实等不利因素影响，以至坝体碾压混凝土实际质量要低于出机口取样质量，为此在配合比设计中应适当考虑这一情况，并留有一定余地。

5. 对于外部碾压混凝土，要求具有适应建筑物环境条件的耐久性。一般通过对胶凝材料总量及砂子细颗粒含量的最低用量（小于 0.15mm 颗粒含量占 8%~12%）作为必要限制，来确保碾压混凝土的耐久性。

6. 碾压混凝土配合比要经现场试验后调整确定。

四、碾压混凝土施工工艺

（一）现场碾压试验

在完成室内碾压混凝土配合比设计所提供的初试值的基础上，应进行现场碾压试验。试验场地一般是利用临时围堰、护坦或大型临时设备基础等。其试验目的如下：

1. 校核与修正碾压混凝土配合比各项设计参数。

2. 确认碾压混凝土施工工艺各项参数。如碾压混凝土入仓与收仓方式，混凝土运输卸料、摊铺及预压，横缝施工，碾压混凝土压实厚度及遍数，碾压混凝土放置时间及其质量变化，模板结构物周边部位混凝土施工措施等。

3. 检验、检测欲使用的碾压混凝土施工设备的适用性、工作效率，以便确认施工设备配置数量，确定碾压混凝土条带摊铺厚度、宽度与长度。

4. 实地操作并熟悉碾压混凝土筑坝技术的施工工艺，解决施工中可能发生的问题，确认碾压混凝土可能达到的质量指标。

5. 制定适合本工程的碾压混凝土施工规程。实践证明在现场碾压试验之前用砂石料进行工艺模拟演练，可以收到良好的效果。

（二）拌制混凝土

拌制碾压混凝土宜优先选用强制式搅拌设备，也可采用自落式等其他类型搅拌设备。无论采用哪种搅拌设备，必须保证搅拌混凝土的均匀性和混凝土填筑能力。

碾压混凝土的拌制时间，应通过现场混凝土拌和均匀性试验确定，一般不宜少于60 s。各种原材料的投料顺序一般为砂→水泥→粉煤灰→水→石子。不能实现如上投料顺序，也可允许砂石一齐首先投入拌和机，但胶凝材料和水必须滞后于砂石投放，以免胶凝材料沾罐和水分的损失。

（三）运输混凝土

运输碾压混凝土要选择适合坝址场地特性的运输方式，尽可能做到少转运，速度快。宜采用自卸汽车、皮带机、真空溜管，必要时缆机、门机、塔机等机具也可采用。无论采用哪种运输设备，都要防止骨料离析以及水和水泥浆的超量损失。

采用自卸汽车运输混凝土直接入仓时，在入仓前应将轮胎清洗干净，洗车槽距仓口的距离应有不小于20m的脱水距离，并铺设钢板，防止泥土、水等污物带入仓内。车辆在仓内的行驶速度不应大于10 km/h，应避免急刹车、急转弯等有损混凝土质量的动作。

真空溜管是靠溜管内负压控制混凝土下滑速度，所以真空溜管竖直输送混凝土，应保证溜管的真空度，真空溜管的坡度和防止骨料离析措施应通过现场试验确定。

（四）卸料

碾压混凝土施工宜采用薄层连续铺筑。汽车卸料时，宜采用退铺法依次卸料，且宜按梅花型依次堆放，先卸1/3，移动1m左右，再卸2/3，卸料应尽可能均匀，堆旁出现的离析骨料，应用人工或其他机械将其均匀分散到尚未碾压的混凝土面上。为减少骨料离析，应采取“一堆三推”，即先从料堆的两个坡角推出，后推中间部分。只要摊铺层的表面积能容纳摊铺机和自卸汽车作业，就应将料卸在已摊铺层上，由摊铺机全部推移原位，形成新的摊铺面，这样可起到搅拌作用。

（五）平仓摊铺

碾压混凝土填筑时一般按条带摊铺，条带宽度根据施工强度确定，一般为4～12m

(取碾宽的倍数)。铺料后常采用湿地推土机平仓，但不得破坏已碾压完成的混凝土层面。推土机的平仓方向一般应与坝轴线平行，分条带平仓，摊铺要均匀，每层厚 20cm 左右，平仓过的混凝土表面应平整、无凹坑，不允许出现向下游倾斜的平仓面。

（六）碾压

一个条带平仓完成后立即开始碾压，一般选用自重大于 10t 的大型滚筒自行式振动碾，作业时行走速度为 1～1.5 km/h，碾压遍数通过现场碾压试验确定，一般为无振 2 遍加有振 6～8 遍，碾压条带间交错碾压宽度大于 20cm，端头部位搭接宽度宜大于 100～150cm。条带从摊铺到碾压完成时间宜控制在 2 小时左右，边角部位用小型振动碾压实。碾压作业完成，用核子密度仪按每 100m^{2}一个点的要求检测其密度，达到设计要求后再进行下一层碾压作业。若未达到设计要求（一般要求相对压实度不小于 97%），立即重碾至设计要求为止。模板周边无法碾压部位也可采用常态混凝土或变态混凝土施工（变态混凝土是在碾压混凝土拌和物铺料前后和中间喷洒同水灰比的水泥粉煤灰净浆，采用插入式振捣器振捣密实的混凝土）。

（七）成缝及层间处理

碾压混凝土施工，通常采用大面积通仓填筑，坝体的横向伸缩缝可采用“振动切缝机造缝”或“设置诱导孔成缝”等方法形成。造缝一般采用“先切后碾”的施工方法，成缝面积不应小于设计横缝面积的 60%，填缝材料一般采用塑料膜、金属片或干砂。诱导孔成缝即是碾压混凝土浇筑完一个升程后，沿分缝线用手风钻钻孔并填砂诱导成缝。

每个碾压层面均要求在混凝土初凝之前进行上层碾压覆盖，超过初凝时间未加覆盖的层面应刮摊 1.5～2.0cm 厚水泥砂浆或喷洒净浆层面以利层间黏结。超过终凝时间的层面应进行冲毛，再刮摊 1.5～2.0cm 厚水泥砂浆以利层间黏结。重要的防渗部位（如上游 3m 宽范围），要求在每一个碾压层面均进行喷洒净浆处理。

（八）异种混凝土结合部位施工

异种混凝土结合部位，是指不同类别两种混凝土相结合的部位，如碾压混凝土与常态混凝土结合部位、碾压混凝土与变态混凝土的结合部位等。

1. 碾压混凝土与常态混凝土结合部位

在碾压混凝土坝中使用常态混凝土的部位有：当采用“金包银”结构时大坝上、下游表面，坝体电梯井和廊道周边，大坝岸坡基础找平层等部位。为了保证常态混凝土和碾压混凝土交界面的结合质量，要求两种混凝土同步浇筑，即无论是大坝上、下游面的常态混凝土防渗体，还是大坝岸坡基岩面的常态混凝土垫层，都要求与主体碾压混凝土同步进行浇筑。

对于碾压混凝土与常态混凝土结合部位的施工，有“先常态后碾压”和“先碾压后常态”两种方法。在工程实践中，一般倾向于“先碾压后常态”的施工方法；因为常态混凝土在振捣时易流淌，难以成型，且在同等情况下，常态混凝土的初凝时间比碾压混凝土的初凝时间短。不论采用哪种施工方法，都应在常态混凝土初凝前振捣或碾压完毕。在结合部位振捣完毕后，再用大型振动碾进行骑缝碾压2~3遍或小型振动碾碾压25~28遍。

2. 碾压混凝土与变态混凝土的结合部位

在碾压混凝土中加入水泥净浆或水泥掺粉煤灰净浆，并用插入式振捣器振捣密实的混凝土称为变态混凝土。变态混凝土施工技术是由我国首创，并不断发展完善的碾压混凝土坝施工新技术。这种施工技术不仅能有效解决靠近模板部位的碾压混凝土碾压操作不便的问题，而且具有良好的防渗效果。在近年来的碾压混凝土工程中，变态混凝土已越来越多地代替了原来须采用常态混凝土的部位，其应用范围已由主要用于大坝上、下游模板内侧，上、下游止水材料埋设处，推广到电梯井和廊道周边、大坝岸坡基础找平层等部位。

（1）加浆

变态混凝土的加浆方式主要有底部加浆和顶部加浆两种。

①底部加浆方式就是在下一层变态混凝土层面上加浆后，在其上面摊铺碾压混凝土后再用插入式振捣器进行振捣，利用激振力使浆液向上渗透，直到顶面出浆为止。这种加浆方式的优点是均匀性好，但振捣非常困难，现在已很少采用。

②顶部加浆方式则是在摊铺好的碾压混凝土面上铺洒水泥浆，然后用插入式振捣器进行振捣。这种加浆方式使混凝土振捣容易，但浆液向下渗透较困难，这种加浆方式在工程上应用较为广泛。一般采用人工提桶舀水泥浆，铺洒到摊铺的碾压混凝土表面作业方式。铺洒水泥浆的范围一般在模板内侧50cm左右。

棉花滩碾压混凝土坝施工中，对传统的加浆工艺进行了改进，设计了插孔器，将水平加浆方式改为竖直加浆方式。铺浆前先在铺摊好的碾压混凝土面上用ϕ10cm的插孔器进行造孔，插孔按梅花形布置，孔距一般为30cm，孔深20cm。然后采用人工手提桶（有计量）铺洒水泥浆。

变态混凝土的加浆量应根据试验确定，一般为施工部位碾压混凝土体积的4%~10%。

（2）振捣

加浆 10~15min 后即可对变态混凝土进行振捣。一般采用插入式振捣器进行振捣，也可采用平仓振捣机进行振捣。江垭工程对模板附近的变态混凝土先采用平仓振捣机振实，再用人工插入式振捣棒振匀。而对止水片附近的变态混凝土则直接采用人工插入式振捣棒振捣，以确保止水片不发生变位。振捣次序为：先振变态混凝土，再振与碾压混凝土的搭接部位，搭接宽度一般控制在 10~20cm 左右。在振捣上层变态混凝土时，将振捣器插入下层混凝土 5cm，以加强上下混凝土的层面结合；振捣时间控制在 25~30 s。

（3）变态混凝土与碾压混凝土结合部位的碾压

在对变态混凝土注浆前，先将其相邻部位的碾压混凝土压实，以免变态混凝土内的水泥浆流到碾压混凝土内。在变态混凝土振捣完成后，用大型振动碾将变态混凝土与碾压混凝土搭接部位碾平。

（九）碾压混凝土的养护和防护

碾压混凝土是干贫性混凝土，掺水量少时受外界条件的影响很大。在大风、干燥、高温气候条件下施工，要避免混凝土表面水分散失，应采取喷雾补偿等措施，在仓面造成局部湿润环境，同时在混凝土拌和时适当将 VC 值调小。

但是，没有凝固的混凝土遇水又会严重降低强度，特别是表层混凝土几乎没有强度，所以在混凝土终凝前，严禁外来水流入。当降雨强度超时 3mm/h 时，应停止拌和，并迅速完成进行中的卸料、平仓和碾压作业。刚碾压完的仓面应采取防雨保护和排水措施。

碾压混凝土终凝后立即开始洒水养护。对于水平施工缝和冷缝，洒水养护应持续至上一层碾压混凝土开始铺筑为止；对永久外露面，宜养护 28d 以上。刚碾压完的混凝土不能洒水养护，可用毯子或麻袋覆盖防止表面水分蒸发，且起到养护作用。

低温季节应对混凝土的外露面进行保温养护，特别在温度骤降的时候，更应加强混凝土的保温措施。

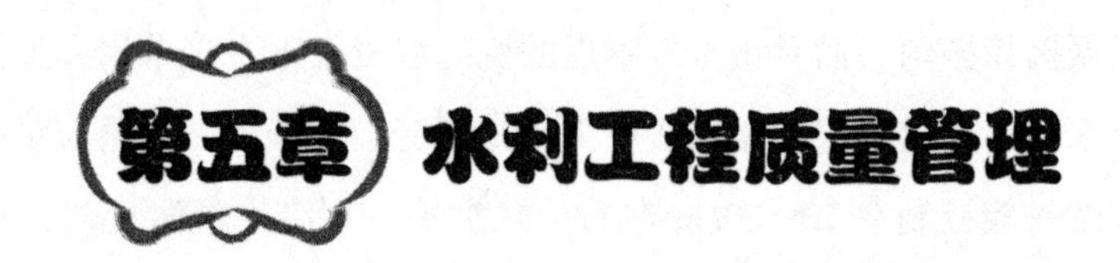

第五章 水利工程质量管理

第一节 水利工程质量管理规定

1997年12月21日水利部令第7号发布，根据2017年12月22日《水利部关于废止和修改部分规章的决定》修正。

第一章 总则

第一条 根据《建筑法》《建设工程质量管理条例》等有关规定，为了加强对水利工程的质量管理，保证工程质量，制定本规定。

第二条 凡在中华人民共和国境内从事水利工程建设活动的单位〔包括项目法人（建设单位）、监理、设计、施工等单位〕或个人，必须遵守本规定。

第三条 本规定所称水利工程是指由国家投资、中央和地方合资、地方投资以及其他投资方式兴建的防洪、除涝、灌溉、水力发电、供水、围垦等（包括配套与附属工程）各类水利工程。

第四条 本规定所称水利工程质量是指在国家和水利行业现行的有关法律、法规、技术标准和批准的设计文件及工程合同中，对兴建的水利工程的安全、适用、经济、美观等特性的综合要求。

第五条 水利部负责全国水利工程质量管理工作。

各流域机构负责本流域由流域机构管辖的水利工程的质量管理工作，指导地方水行政主管部门的质量管理工作。

各省、自治区、直辖市水行政主管部门负责本行政区域内水利工程质量管理工作。

第六条 水利工程质量实行项目法人（建设单位）负责、监理单位控制、施工单位保证和政府监督相结合的质量管理体制。

水利工程质量由项目法人（建设单位）负全面责任。监理、施工、设计单位按照合同及有关规定对各自承担的工作负责。质量监督机构履行政府部门监督职能，不代替项目法人（建设单位）、监理、设计、施工单位的质量管理工作。水利工程建设各方均有责任和权利向有关部门和质量监督机构反映工程质量问题。

第七条 水利工程项目法人（建设单位）、监理、设计、施工等单位的负责人，对本单位的质量工作负领导责任。各单位在工程现场的项目负责人对本单位在工程现场的质量工作负直接领导责任。各单位的工程技术负责人对质量工作负技术责任。具体工作人员为直接责任人。

第八条 水利工程建设各单位要积极推行全面质量管理，采用先进的质量管理模式和管理手段，推广先进的科学技术和施工工艺，依靠科技进步和加强管理，努力创建优质工程，不断提高工程质量。

各级水行政主管部门要对提高工程质量做出贡献的单位和个人实行奖励。

第九条 水利工程建设各单位要加强质量法制教育，增强质量法制观念，把提高劳动者的素质作为提高质量的重要环节，加强对管理人员和职工的质量意识和质量管理知识的教育，建立和完善质量管理的激励机制，积极开展群众性质量管理和合理化建议活动。

第二章 工程质量监督管理

第十条 政府对水利工程的质量实行监督的制度。

水利工程按照分级管理的原则由相应水行政主管部门授权的质量监督机构实施质量监督。

第十一条 各级水利工程质量监督机构，必须建立健全质量监督工作机制，完善监督手段，增强质量监督的权威性和有效性。

各级水利工程质量监督机构，要加强对贯彻执行国家和水利部有关质量法规、规范情况的检查，坚决查处有法不依、执法不严、违法不究以及滥用职权的行为。

第十二条 水利工程质量监督机构负责监督设计、监理、施工单位在其资质等级允许范围内从事水利工程建设的质量工作；负责检查、督促建设、监理、设计、施工单位建立健全质量体系。

水利工程质量监督机构，按照国家和水利行业有关工程建设法规、技术标准和设计文件实施工程质量监督，对施工现场影响工程质量的行为进行监督检查。

第十三条 水利工程质量监督实施以抽查为主的监督方式，运用法律和行政手段，做好监督抽查后的处理工作。工程竣工验收前，质量监督机构应对工程质量结论进行核备。

未经质量核备的工程，项目法人不得报验，工程主管部门不得验收。

第十四条　根据需要，质量监督机构可委托具有相应资质的检测单位，对水利工程有关部位以及所采用的建筑材料和工程设备进行抽样检测。

第三章　项目法人（建设单位）质量管理

第十五条　项目法人（建设单位）应根据国家和水利部有关规定依法设立，主动接受水利工程质量监督机构对其质量体系的监督检查。

第十六条　项目法人（建设单位）应根据工程规模和工程特点，按照水利部有关规定，通过资质审查招标选择勘测设计、施工、监理单位并实行合同管理。在合同文件中，必须有工程质量条款，明确图纸、资料、工程、材料、设备等的质量标准及合同双方的质量责任。

第十七条　项目法人（建设单位）要加强工程质量管理，建立健全施工质量检查体系，根据工程特点建立质量管理机构和质量管理制度。

第十八条　项目法人（建设单位）在工程开工前，应按规定向水利工程质量监督机构办理工程质量监督手续。在工程施工过程中，应主动接受质量监督机构对工程质量的监督检查。

第十九条　项目法人（建设单位）应组织设计和施工单位进行设计交底；施工中应对工程质量进行检查，工程完工后，应及时组织有关单位进行工程质量验收、签证。

第四章　监理单位质量管理

第二十条　监理单位必须持有水利部颁发的监理单位资格等级证书，依照核定的监理范围承担相应水利工程的监理任务。监理单位必须接受水利工程质量监督机构对其监理资格质量检查体系及质量监理工作的监督检查。

第二十一条　监理单位必须严格执行国家法律、水利行业法规、技术标准，严格履行监理合同。

第二十二条　监理单位根据所承担的监理任务向水利工程施工现场派出相应的监理机构，人员配备必须满足项目要求。监理工程师应当持证上岗。

第二十三条　监理单位应根据监理合同参与招标工作，从保证工程质量全面履行工程承建合同出发，签发施工图纸；审查施工单位的施工组织设计和技术措施；指导监督合同中有关质量标准、要求的实施；参加工程质量检查、工程质量事故调查处理和工程验收工作。

第五章 设计单位质量管理

第二十四条 设计单位必须按其资质等级及业务范围承担勘测设计任务，并应主动接受水利工程质量监督机构对其资质等级及质量体系的监督检查。

第二十五条 设计单位必须建立健全设计质量保证体系，加强设计过程质量控制，健全设计文件的审核、会签批准制度，做好设计文件的技术交底工作。

第二十六条 设计文件必须符合下列基本要求：

（一）设计文件应当符合国家、水利行业有关工程建设法规、工程勘测设计技术规程、标准和合同的要求。

（二）设计依据的基本资料应完整、准确、可靠，设计论证充分，计算成果可靠。

（三）设计文件的深度应满足相应设计阶段有关规定要求，设计质量必须满足工程质量、安全需要并符合设计规范的要求。

第二十七条 设计单位应按合同规定及时提供设计文件及施工图纸，在施工过程中要随时掌握施工现场情况，优化设计，解决有关设计问题。对大中型工程，设计单位应按合同规定在施工现场设立设计代表机构或派驻设计代表。

第二十八条 设计单位应按水利部有关规定在阶段验收、单位工程验收和竣工验收中，对施工质量是否满足设计要求提出评价意见。

第六章 施工单位质量管理

第二十九条 施工单位必须按其资质等级和业务范围承揽工程施工任务，接受水利工程质量监督机构对其资质和质量保证体系的监督检查。

第三十条 施工单位必须依据国家、水利行业有关工程建设法规、技术规程、技术标准的规定以及设计文件和施工合同的要求进行施工，并对其施工的工程质量负责。

第三十一条 施工单位不得将其承接的水利建设项目的主体工程进行转包。对工程的分包，分包单位必须具备相应资质等级，并对其分包工程的施工质量向总包单位负责，总包单位对全部工程质量向项目法人（建设单位）负责。工程分包必须经过项目法人（建设单位）的认可。

第三十二条 施工单位要推行全面质量管理，建立健全质量保证体系，制定和完善岗位质量规范、质量责任及考核办法，落实质量责任制。在施工过程中要加强质量检验工作，认真执行“三检制”，切实做好工程质量的全过程控制。

第三十三条 工程发生质量事故，施工单位必须按照有关规定向监理单位、项目法人（建设单位）及有关部门报告，并保护好现场，接受工程质量事故调查，认真进行事故处理。

第三十四条　竣工工程质量必须符合国家和水利行业现行的工程标准及设计文件要求，并应向项目法人（建设单位）提交完整的技术档案、试验成果及有关资料。

第七章　建筑材料、设备采购的质量管理和工程保修

第三十五条　建筑材料和工程设备的质量由采购单位承担相应责任。凡进入施工现场的建筑材料和工程设备均应按有关规定进行检验。经检验不合格的产品不得用于工程。

第三十六条　建筑材料和工程设备的采购单位具有按合同规定自主采购的权利，其他单位或个人不得干预。

第三十七条　建筑材料或工程设备应当符合下列要求：

（一）有产品质量检验合格证明；

（二）有中文标明的产品名称、生产厂名和厂址；

（三）产品包装和商标式样符合国家有关规定和标准要求；

（四）工程设备应有产品详细的使用说明书，电气设备还应附有线路图；

（五）实施生产许可证或实行质量认证的产品，应当具有相应的许可证或认证证书。

第三十八条　水利工程保修期从通过单项合同工程完工验收之日算起，保修期限按法律法规和合同约定执行。

工程质量出现永久性缺陷的，承担责任的期限不受以上保修期限制。

第三十九条　水利工程在规定的保修期内，出现工程质量问题，一般由原施工单位承担保修，所需费用由责任方承担。

第八章　罚则

第四十条　水利工程发生重大工程质量事故，应严肃处理。对责任单位予以通报批评、降低资质等级或收缴资质证书；对责任人给予行政纪律处分，构成犯罪的，移交司法机关进行处理。

第四十一条　因水利工程质量事故造成人身伤亡及财产损失的，责任单位应按有关规定，给予受损方经济赔偿。

第四十二条　项目法人（建设单位）有下列行为之一的，由其主管部门予以通报批评或其他纪律处理。

（一）未按规定选择相应资质等级的勘测设计、施工、监理单位的；

（二）未按规定办理工程质量监督手续的；

（三）未按规定及时进行已完工程验收就进行下一阶段施工和未经竣工或阶段验收，

而将工程交付使用的；

（四）发生重大工程质量事故没有按有关规定及时向有关部门报告的。

第四十三条　勘测设计、施工、监理单位有下列行为之一的，根据情节轻重，予以通报批评、降低资质等级直至收缴资质证书，经济处理按合同规定办理，触犯法律的，按国家有关法律处理：

（一）无证或超越资质等级承接任务的；

（二）不接受水利工程质量监督机构监督的；

（三）设计文件不符合本规定第二十七条要求的；

（四）竣工交付使用的工程不符合本规定第三十五条要求的；

（五）未按规定实行质量保修的；

（六）使用未经检验或检验不合格的建筑材料和工程设备，或在工程施工中粗制滥造、偷工减料、伪造记录的；

（七）发生重大工程质量事故没有及时按有关规定向有关部门报告的；

（八）工程质量等级评定为不合格，或者工程须加固、拆除的。

第四十四条　检测单位伪造检验数据或伪造检验结论的，根据情节轻重，予以通报批评、降低资质等级直至收缴资质证书。因伪造行为造成严重后果的，按国家有关规定处理。

第四十五条　对不认真履行水利工程质量监督职责的质量监督机构，由相应水行政主管部门或其上一级水利工程质量监督机构给予通报批评、撤换负责人或撤销授权并进行机构改组。

从事工程质量监督的工作人员执法不严、违法不究，或者滥用职权、贪污受贿，由其所在单位或上级主管部门给予行政处分，构成犯罪的，依法追究刑事责任。

第九章　附则

第四十六条　本规定由水利部负责解释。

第四十七条　本规定自发布之日起施行。

第二节　水利工程质量监督管理规定

第一章　总则

第一条　根据《质量振兴纲要（1996 年~2010 年）》和《中华人民共和国水法》，

为加强水行政主管部门对水利工程质量的监督管理，保证工程质量，确保工程安全，发挥投资效益，制定本规定。

第二条　水行政主管部门主管水利工程质量监督工作。水利工程质量监督机构是水行政主管部门对水利工程质量进行监督管理的专职机构，对水利工程质量进行强制性的监督管理。

第三条　在我国境内新建、扩建、改建、加固各类水利水电工程和城镇供水、滩涂围垦等工程（以下简称水利工程）及其技术改造，包括配套与附属工程，均必须由水利工程质量监督机构负责质量监督。工程建设、监理、设计和施工单位在工程建设阶段，必须接受质量监督机构的监督。

第四条　工程质量监督的依据：

（一）国家有关的法律、法规；

（二）水利水电行业有关技术规程、规范、质量标准；

（三）经批准的设计文件等。

第五条　工程竣工验收前，必须经质量监督机构对工程质量进行等级核验。未经工程质量等级核验或者核验不合格的工程，不得交付使用。

工程在申报优秀设计、优秀施工、优质工程项目时，必须有相应质量监督机构签署的工程质量评定意见。

第二章　机构与人员

第六条　水利部主管全国水利工程质量监督工作，水利工程质量监督机构按总站、中心站、站三级设置。

（一）水利部设置全国水利工程质量监督总站，办事机构设在建设司。水利水电规划设计管理局设置水利工程设计质量监督分站，各流域机构设置流域水利工程质量监督分站作为总站的派出机构。

（二）各省、自治区、直辖市水利（水电）厅（局），新疆生产建设兵团水利局设置水利工程质量监督中心站。

（三）各地（市）水利（水电）局设置水利工程质量监督站。

各级质量监督机构隶属于同级水行政主管部门，业务上接受上一级质量监督机构的指导。

第七条　条水利工程质量监督项目站（组），是相应质量监督机构的派出单位。

第八条　各级质量监督机构的站长一般应由同级水行政主管部门主管工程建设的领导

兼任，有条件的可配备相应级别的专职副站长。各级质量监督机构的正副站长由其主管部门任命，并报上一级质量监督机构备案。

第九条　各级质量监督机构应配备一定数量的专职质量监督员。质量监督员的数量由同级水行政主管部门根据工作需要和专业配套的原则确定。

第十条　水利工程质量监督员必须具备以下条件：

（一）取得工程师职称，或具有大专以上学历并有五年以上从事水利水电工程设计、施工、监理、咨询或建设管理工作的经历。

（二）坚持原则，秉公办事，认真执法，责任心强。

（三）经过培训并通过考核取得“水利工程质量监督员证”。

第十一条　质量监督机构可聘任符合条件的工程技术人员作为工程项目的兼职质量监督员。为保证质量监督工作的公正性、权威性，凡从事该工程监理、设计、施工、设备制造的人员不得担任该工程的兼职质量监督员。

第十二条　各质量监督分站、中心站、地（市）站和质量监督员必须经上一级质量监督机构考核、认证，取得合格证书后，方可从事质量监督工作。质量监督机构资质每四年复核一次，质量监督员证有效期为四年。

第十三条　“水利工程质量监督机构合格证书”和“水利工程质量监督员证”由水利部统一印制。

第三章　机构职责

第十四条　全国水利工程质量监督总站的主要职责：

（一）贯彻执行国家和水利部有关工程建设质量管理的方针、政策。

（二）制定水利工程质量监督、检测有关规定和办法，并监督实施。

（三）归口管理全国水利工程的质量监督工作，指导各分站、中心站的质量监督工作。

（四）对部直属重点工程组织实施质量监督。参加工程的阶段验收和竣工验收。

（五）监督有争议的重大工程质量事故的处理。

（六）掌握全国水利工程质量动态。组织交流全国水利工程质量监督工作经验，组织培训质量监督人员。开展全国水利工程质量检查活动。

第十五条　水利工程设计质量监督分站受总站委托承担的主要任务：

（一）归口管理全国水利工程的设计质量监督工作。

（二）负责设计全面质量管理工作。

（三）掌握全国水利工程的设计质量动态，定期向总站报告设计质量监督情况。

第十六条　各流域水利工程质量监督分站的主要职责：

（一）对本流域内下列工程项目实施质量监督：

1. 总站委托监督的部属水利工程。

2. 中央与地方合资项目，监督方式由分站和中心站协商确定。

3. 省（自治区、直辖市）界及国际边界河流上的水利工程。

（二）监督受监督水利工程质量事故的处理。

（三）参加受监督水利工程的阶段验收和竣工验收。

（四）掌握本流域内水利工程质量动态，及时上报质量监督工作中发现的重大问题，开展水利工程质量检查活动，组织交流本流域内的质量监督工作经验。

第十七条　各省、自治区、直辖市，新疆生产建设兵团水利工程质量监督中心站的职责：

（一）贯彻执行国家、水利部和省、自治区、直辖市有关工程建设质量管理的方针、政策。

（二）管理辖区内水利工程的质量监督工作；指导本省、自治区、直辖市的市（地）质量监督站工作。

（三）对辖区内除第十四条、第十六条规定以外的水利工程实施质量监督；协助配合由部总站和流域分站组织监督的水利工程的质量监督工作。

（四）参加受监督水利工程的阶段验收和竣工验收。

（五）监督受监督水利工程质量事故的处理。

（六）掌握辖区内水利工程质量动态和质量监督工作情况，定期向总站报告，同时抄送流域分站；组织培训质量监督人员，开展水利工程质量检查活动，组织交流质量监督工作经验。

第十八条　市（地）水利工程质量监督站的职责，由各中心站根据本规定制定。

第四章　质量监督

第十九条　水利工程建设项目质量监督方式以抽查为主。大型水利工程应建立质量监督项目站，中、小型水利工程可根据需要建立质量监督项目站（组），或进行巡回监督。

第二十条　从工程开工前办理质量监督手续始，到工程竣工验收委员会同意工程交付使用止，为水利工程建设项目的质量监督期（含合同质量保修期）。

第二十一条　项目法人（或建设单位）应在工程开工前到相应的水利工程质量监督机构办理监督手续，签订《水利工程质量监督书》，并按规定缴纳质量监督费，同时提交以下材料：

（一）工程项目建设审批文件；

（二）项目法人（或建设单位）与监理、设计、施工单位签订的合同（或协议）副本；

（三）建设、监理、设计、施工等单位的基本情况和工程质量管理组织情况等资料。

第二十二条　质量监督机构根据受监督工程的规模、重要性等，制订质量监督计划，确定质量监督的组织形式。在工程施工中，根据本规定对工程项目实施质量监督。

第二十三条　工程质量监督的主要内容为：

（一）对监理、设计、施工和有关产品制作单位的资质进行复核。

（二）对建设、监理单位的质量检查体系和施工单位的质量保证体系以及设计单位现场服务等实施监督检查。

（三）对工程项目的单位工程、分部工程、单元工程的划分进行监督检查。

（四）监督检查技术规程、规范和质量标准的执行情况。

（五）检查施工单位和建设、监理单位对工程质量检验和质量评定情况。

（六）在工程竣工验收前，对工程质量进行等级核定，编制工程质量评定报告，并向工程竣工验收委员会提出工程质量等级的建议。

第二十四条　工程质量监督权限如下：

（一）对监理、设计、施工等单位的资质等级、经营范围进行核查，发现越级承包工程等不符合规定要求的，责成建设单位限期改正，并向水行政主管部门报告。

（二）质量监督人员须持“水利工程质量监督员证”进入施工现场执行质量监督。对工程有关部位进行检查，调阅建设、监理单位和施工单位的检测试验成果、检查记录和施工记录。

（三）对违反技术规程、规范、质量标准或设计文件的施工单位，通知建设、监理单位采取纠正措施。问题严重时，可向水行政主管部门提出整顿的建议。

（四）对使用未经检验或检验不合格的建筑材料、构配件及设备等，责成建设单位采取措施纠正。

（五）提请有关部门奖励先进质量管理单位及个人。

（六）提请有关部门或司法机关追究造成重大工程质量事故的单位和个人的行政、经济、刑事责任。

第五章　质量检测

第二十五条　工程质量检测是工程质量监督和质量检查的重要手段。水利工程质量检测单位，必须取得省级以上计量认证合格证书，并经水利工程质量监督机构授权，方可从事水利工程质量检测工作，检测人员必须持证上岗。

第二十六条　质量监督机构根据工作需要，可委托水利工程质量检测单位承担以下主要任务：

（一）核查受监督工程参建单位的试验室装备、人员资质、试验方法及成果等。

（二）根据需要对工程质量进行抽样检测，提出检测报告。

（三）参与工程质量事故分析和研究处理方案。

（四）质量监督机构委托的其他任务。

第二十七条　质量检测单位所出具的检测鉴定报告必须实事求是，数据准确可靠，并对出具的数据和报告负法律责任。

第二十八条　工程质量检测实行有偿服务，检测费用由委托方支付。收费标准按有关规定确定。在处理工程质量争端时，发生的一切费用由责任方支付。

第六章　工程质量监督费

第二十九条　项目法人（或建设单位）应向质量监督机构缴纳工程质量监督费。工程质量监督费属事业性收费。工程质量监督收费，根据国家计委等部门的有关文件规定，收费标准按水利工程所在地域确定。原则上，大城市按受监工程建筑安装工作量的0.15%，中等城市按受监工程建设安装工作量的0.20%，小城市按受监工程建筑安装工作量的0.25%收取。城区以外的水利工程可比照小城市的收费标准适当提高。

第三十条　工程质量监督费由工程建设单位负责缴纳。大中型工程在办理监督手续时，应确定缴纳计划，每年按年度投资计划，年初一次结清年度工程质量监督费。中小型水利工程在办理质量监督手续时交纳工程质量监督费的50%，余额由质量监督部门根据工程进度收缴。

水利工程在工程竣工验收前必须缴清全部的工程质量监督费。

第三十一条　质量监督费应用于质量监督工作的正常经费开支，不得挪作他用。其使用范围主要为：工程质量监督、检测开支以及必要的差旅费开支等。

第七章　奖惩

第三十二条　项目法人（或建设单位）未按第二十一条规定要求办理质量监督手续的，水行政主管部门依据《中华人民共和国行政处罚法》对建设单位进行处罚，并责令限期改正或按有关规定处理。

第三十三条 质量检测单位伪造检测数据、检测结论的，视情节轻重，报上级水行政主管部门对责任单位和责任人按有关规定进行处罚，构成犯罪的由司法机关依法追究其刑事责任。

第三十四条 质量监督员滥用职权、玩忽职守、徇私舞弊的，由质量监督机构提交水行政主管部门视情节轻重，给予行政处分，构成犯罪的由司法机关依法追究其刑事责任。

第三十五条 对在工程质量管理和质量监督工作中做出突出成绩的单位和个人，由质量监督部门或报请水行政主管部门给予表彰和奖励。

第八章 附则

第三十六条 各水利工程质量监督中心站可根据本规定制定实施细则，并报全国水利工程质量监督总站核备。

第三十七条 本规定由水利部负责解释。

第三十八条 本规定自发布之日起施行，原《水利基本建设工程质量监督暂行规定》同时废止。

第三节 工程质量管理的基本概念

水利水电工程项目的施工阶段是根据设计图纸和设计文件的要求，通过工程参建各方及其技术人员的劳动形成工程实体的阶段。这个阶段的质量控制无疑是极其重要的，其中心任务是通过建立健全有效的工程质量监督体系，确保工程质量达到合同规定的标准和等级要求。为此，在水利水电工程项目建设中，建立了质量管理的三个体系，即施工单位的质量保证体系、建设（监理）单位的质量检查体系和政府部门的质量监督体系。

一、工程项目质量和质量控制的概念

（一）工程项目质量

质量是反映实体满足明确或隐含需要能力的特性之总和。工程项目质量是国家现行的有关法律、法规、技术标准、设计文件及工程承包合同对工程的安全、适用、经济、美观等特征的综合要求。

从功能和使用价值来看，工程项目质量体现在适用性、可靠性、经济性、外观质量与环境协调等方面。由于工程项目是依据项目法人的需求而兴建的，故各工程项目的功能和使用价值的质量应满足于不同项目法人的需求，并无一个统一的标准。

从工程项目质量的形成过程来看，工程项目质量包括工程建设各个阶段的质量，即可行性研究质量、工程决策质量、工程设计质量、工程施工质量、工程竣工验收质量。

工程项目质量具有两个方面的含义：一是指工程产品的特征性能，即工程产品质量；二是指参与工程建设各方面的工作水平、组织管理等，即工作质量。工作质量包括社会工作质量和生产过程工作质量。社会工作质量主要是指社会调查、市场预测、维修服务等。生产过程工作质量主要包括管理工作质量、技术工作质量、后勤工作质量等，最终将反映在工序质量上，而工序质量的好坏，直接受人、原材料、机具设备、工艺及环境等五方面因素的影响。因此，工程项目质量的好坏是各环节、各方面工作质量的综合反映，而不是单纯靠质量检验查出来的。

（二）工程项目质量控制

质量控制是指为达到质量要求所采取的作业技术和活动，工程项目质量控制，实际上就是对工程在可行性研究、勘测设计、施工准备、建设实施、后期运行等各阶段、各环节、各因素的全过程、全方位的质量监督控制。工程项目质量有个产生、形成和实现的过程，控制这个过程中的各个环节，以满足工程合同、设计文件、技术规范规定的质量标准。在我国的工程项目建设中，工程项目质量控制按其实施者的不同，包括如下三个方面：

1. 项目法人的质量控制

项目法人方面的质量控制，主要是委托监理单位依据国家的法律、规范、标准和工程建设的合同文件，对工程建设进行监督和管理。其特点是外部的、横向的、不间断的控制。

2. 政府方面的质量控制

政府方面的质量控制是通过政府的质量监督机构来实现的，其目的在于维护社会公共利益，保证技术性法规和标准的贯彻执行。其特点是外部的、纵向的、定期或不定期的抽查。

3. 承包人方面的质量控制

承包人主要是通过建立健全质量保证体系，加强工序质量管理，严格施行“三检制”

（即初检、复检、终检），避免返工，提高生产效率等方式来进行质量控制。其特点是内部的、自身的、连续的控制。

二、工程项目质量的特点

建筑产品位置固定、生产流动性、项目单件性、生产一次性、受自然条件影响大等特点，决定了工程项目质量具有以下特点：

（一）影响因素多

影响工程质量的因素是多方面的，如人的因素、机械因素、材料因素、方法因素、环境因素等均直接或间接地影响着工程质量。尤其是水利水电工程项目主体工程的建设，一般由多家承包单位共同完成，故其质量形式较为复杂，影响因素多。

（二）质量波动大

由于工程建设周期长，在建设过程中易受到系统因素及偶然因素的影响，产品质量产生波动。

（三）质量变异大

由于影响工程质量的因素较多，任何因素的变异，均会引起工程项目的质量变异。

（四）质量具有隐蔽性

由于工程项目实施过程中，工序交接多，中间产品多，隐蔽工程多，取样数量受到各种因素、条件的限制，产生错误判断的概率增大。

（五）终检局限性大

建筑产品位置固定等自身特点，使质量检验时不能解体、拆卸，所以在工程项目终检验收时难以发现工程内在的、隐蔽的质量缺陷。

此外，质量、进度和投资目标三者之间既对立又统一的关系，使工程质量受到投资、进度的制约。因此，应针对工程质量的特点，严格控制质量，并将质量控制贯穿于项目建设的全过程。

三、工程项目质量控制的原则

在工程项目建设过程中，对其质量进行控制应遵循以下几项原则：

（一）质量第一原则

“百年大计，质量第一”，工程建设与国民经济的发展和人民生活的改善息息相关。质量的好坏，直接关系到国家繁荣富强，关系到人民生命财产的安全，关系到子孙幸福，所以必须树立强烈的“质量第一”的思想。

要确立质量第一的原则，必须弄清并且摆正质量和数量、质量和进度之间的关系。不符合质量要求的工程，数量和进度都将失去意义，也没有任何使用价值，而且数量越多，进度越快，国家和人民遭受的损失也将越大。因此，好中求多，好中求快，好中求省，才是符合质量管理所要求的质量水平。

（二）预防为主原则

对于工程项目的质量，我们长期以来采取事后检验的方法，认为严格检查，就能保证质量，实际上这是远远不够的。应该从消极防守的事后检验变为积极预防的事先管理。因为好的建筑产品是好的设计、好的施工所产生的，不是检查出来的。必须在项目管理的全过程中，事先采取各种措施，消灭种种不符合质量要求的因素，以保证建筑产品质量。如果各质量因素（人、机、料、法、环）预先得到保证，工程项目的质量就有了可靠的前提条件。

（三）为用户服务原则

建设工程项目，是为了满足用户的要求，尤其要满足用户对质量的要求。真正好的质量是用户完全满意的质量。进行质量控制，就是要把为用户服务的原则，作为工程项目管理的出发点，贯穿到各项工作中去。同时，要在项目内部树立“下道工序就是用户”的思想。各个部门、各种工作、各种人员都有个前、后的工作顺序，在自己这道工序的工作一定要保证质量，凡达不到质量要求不能交给下道工序，一定要使“下道工序”这个用户感到满意。

（四）用数据说话原则

质量控制必须建立在有效的数据基础之上，必须依靠能够确切反映客观实际的数字和资料，否则就谈不上科学的管理。一切用数据说话，就需要用数理统计方法，对工程实体或工作对象进行科学的分析和整理，从而研究工程质量的波动情况，寻求影响工程质量的主次原因，采取改进质量的有效措施，掌握保证和提高工程质量的客观规律。

在很多情况下，我们评定工程质量，虽然也按规范标准进行检测计量，也有一些数据，但是这些数据往往不完整、不系统，没有按数理统计要求积累数据，抽样选点，所以难以汇总分析，有时只能统计加估计，抓不住质量问题，既不能完全表达工程的内在质量状态，也不能有针对性地进行质量教育，提高企业素质。所以，必须树立起“用数据说话”的意识，从积累的大量数据中，找出控制质量的规律性，以保证工程项目的优质建设。

四、工程项目质量控制的任务

工程项目质量控制的任务就是根据国家现行的有关法规、技术标准和工程合同规定的工程建设各阶段质量目标实施全过程的监督管理。由于工程建设各阶段的质量目标不同，因此需要分别确定各阶段的质量控制对象和任务。

（一）工程项目决策阶段质量控制的任务

1. 审核可行性研究报告是否符合国民经济发展的长远规划、国家经济建设的方针政策。

2. 审核可行性研究报告是否符合工程项目建议书或业主的要求。

3. 审核可行性研究报告是否具有可靠的基础资料和数据。

4. 审核可行性研究报告是否符合技术经济方面的规范标准和定额等指标。

5. 审核可行性研究报告的内容、深度和计算指标是否达到标准要求。

（二）工程项目设计阶段质量控制的任务

1. 审查设计基础资料的正确性和完整性。

2. 编制设计招标文件，组织设计方案竞赛。

3. 审查设计方案的先进性和合理性，确定最佳设计方案。

4. 督促设计单位完善质量保证体系，建立内部专业交底及专业会签制度。

5. 进行设计质量跟踪检查，控制设计图纸的质量。在初步设计和技术设计阶段，主要检查生产工艺及设备的选型，总平面布置，建筑与设施的布置，采用的设计标准和主要技术参数；在施工图设计阶段，主要检查计算是否有错误，选用的材料和做法是否合理，标注的各部分设计标高和尺寸是否有错误，各专业设计之间是否有矛盾等。

（三）工程项目施工阶段质量控制的任务

施工阶段质量控制是工程项目全过程质量控制的关键环节。根据工程质量形成的时间，施工阶段的质量控制又可分为质量的事前控制、事中控制和事后控制，其中事前控制为重点控制。

1. 事前控制

（1）审查承包商及分包商的技术资质。

（2）协助承建商完善质量体系，包括完善计量及质量检测技术和手段等，同时对承包商的实验室资质进行考核。

（3）督促承包商完善现场质量管理制度，包括现场会议制度、现场质量检验制度、质量统计报表制度和质量事故报告及处理制度等。

（4）与当地质量监督站联系，争取其配合、支持和帮助。

（5）组织设计交底和图纸会审，对某些工程部位应下达质量要求标准。

（6）审查承包商提交的施工组织设计，保证工程质量具有可靠的技术措施。审核工程中采用的新材料、新结构、新工艺、新技术的技术鉴定书；对工程质量有重大影响的施工机械、设备，应审核其技术性能报告。

（7）对工程所需原材料、构配件的质量进行检查与控制。

（8）对永久性生产设备或装置，应按审批同意的设计图纸组织采购或订货，到场后进行检查验收。

（9）对施工场地进行检查验收。检查施工场地的测量标桩、建筑物的定位放线以及高程水准点，重要工程还应复核，落实现场障碍物的清理、拆除等。

（10）把好开工关。对现场各项准备工作检查合格后，方可发开工令；停工的工程，未发复工令者不得复工。

2. 事中控制

（1）督促承包商完善工序控制措施。工程质量是在工序中产生的，工序控制对工程质量起着决定性的作用。应把影响工序质量的因素都纳入控制状态中，建立质量管理点，及时检查和审核承包商提交的质量统计分析资料和质量控制图表。

（2）严格工序交接检查。主要工作作业包括隐蔽作业须按有关验收规定经检查验收后，方可进行下一工序的施工。

（3）重要的工程部位或专业工程（如混凝土工程）要做试验或技术复核。

（4）审查质量事故处理方案，并对处理效果进行检查。

（5）对完成的分项分部工程，按相应的质量评定标准和办法进行检查验收。

（6）审核设计变更和图纸修改。

（7）按合同行使质量监督权和质量否决权。

（8）组织定期或不定期的质量现场会议，及时分析、通报工程质量状况。

3. 事后控制

（1）审核承包商提供的质量检验报告及有关技术性文件。

（2）审核承包商提交的竣工图。

（3）组织联动试车。

（4）按规定的质量评定标准和办法，进行检查验收。

（5）组织项目竣工总验收。

（6）整理有关工程项目质量的技术文件，并编目、建档。

（四）工程项目保修阶段质量控制的任务

1. 审核承包商的工程保修书。

2. 检查、鉴定工程质量状况和工程使用情况。

3. 对出现的质量缺陷，确定责任者。

4. 督促承包商修复缺陷。

5. 在保修期结束后，检查工程保修状况，移交保修资料。

五、工程项目质量影响因素的控制

在工程项目建设的各个阶段，对工程项目质量影响的主要因素就是“人、机、料、法、环”等五个方面。为此，应对这五个方面的因素进行严格的控制，以确保工程项目建设的质量。

（一）对“人”的因素的控制

人是工程质量的控制者，也是工程质量的“制造者”。工程质量的好与坏，与人的因素是密不可分的。控制人的因素，即调动人的积极性、避免人的失误等，是控制工程质量的关键因素。

1. 领导者的素质

领导者是具有决策权力的人，其整体素质是提高工作质量和工程质量的关键，因此在对承包商进行资质认证和选择时一定要考核领导者的素质。

2. 人的理论和技术水平

人的理论水平和技术水平是人的综合素质的表现，它直接影响工程项目质量，尤其是技术复杂，操作难度大，要求精度高，工艺新的工程对人员素质要求更高，否则，工程质量就很难保证。

3. 人的生理缺陷

根据工程施工的特点和环境，应严格控制人的生理缺陷，如高血压、心脏病的人，不能从事高空作业和水下作业；反应迟钝、应变能力差的人，不能操作快速运行、动作复杂的机械设备等，否则将影响工程质量，引起安全事故。

4. 人的心理行为

影响人的心理行为的因素很多，而人的心理因素如疑虑、畏惧、抑郁等很容易使人产生愤怒、怨恨等情绪，使人的注意力转移，由此引发质量、安全事故。所以，在审核企业的资质水平时，要注意企业职工的凝聚力如何，职工的情绪如何，这也是选择企业的一条标准。

5. 人的错误行为

人的错误行为是指人在工作场地或工作中吸烟、打盹、错视、错听、误判断、误动作等，这些都会影响工程质量或造成质量事故。所以，在有危险的工作场所，应严格禁止吸烟、嬉戏等。

6. 人的违纪违章

人的违纪违章是指人的粗心大意、注意力不集中、不履行安全措施等不良行为，会对工程质量造成损害，甚至引起工程质量事故。所以，在使用人的问题上，应从思想素质、业务素质和身体素质等方面严格控制。

（二）对施工机械设备的控制

施工机械设备是工程建设不可缺少的设施，目前，工程建设的施工进度和施工质量都与施工机械关系密切。因此，在施工阶段，必须对施工机械的性能、选型和使用操作等方面进行控制。

1. 机械设备的选型

机械设备的选型应因地制宜，按照技术先进、经济合理、生产适用、性能可靠、使用安全、操作和维修方便等原则来选择施工机械。

2. 机械设备的主要性能参数

机械设备的性能参数是选择机械设备的主要依据，为满足施工的需要，在参数选择上可适当留有余地，但不能选择超出需要很多的机械设备，否则，容易造成经济上的不合理。机械设备的性能参数很多，要综合各参数，确定合适的施工机械设备。在这方面，要结合机械施工方案，择优选择机械设备，要严格把关，对不符合需要和有安全隐患的机械，不准进场。

3. 机械设备的使用、操作要求

合理使用机械设备，正确地进行操行，是保证工程项目施工质量的重要环节，应贯彻“人机固定”的原则，实行定机、定人、定岗位的制度。操作人员必须认真执行各项规章制度，严格遵守操作规程，防止出现安全质量事故。

（三）对材料、构配件的质量控制

1. 材料质量控制的要点

（1）掌握材料信息，优选供货厂家。应掌握材料信息，优先选有信誉的厂家供货，对主要材料、构配件在订货前，必须经监理工程师论证同意后，才可订货。

（2）合理组织材料供应。应协助承包商合理地组织材料采购、加工、运输、储备。尽量加快材料周转，按质、按量、如期满足工程建设需要。

（3）合理地使用材料，减少材料损失。

（4）加强材料检查验收。用于工程上的主要建筑材料，进场时必须具备正式的出厂合格证和材质化验单。否则，应作补检。工程中所有各种构配件，必须具有厂家批号和出厂合格证。

凡是标志不清或质量有问题的材料，对质量保证资料有怀疑或与合同规定不相符的一般材料，应进行一定比例的材料试验，并需要追踪检验。对于进口的材料和设备以及重要工程或关键施工部位所用材料，则应进行全部检验。

（5）重视材料的使用认证，以防错用或使用不当。

2. 材料质量控制的内容

（1）材料质量的标准

材料质量的标准是用以衡量材料标准的尺度，并作为验收、检验材料质量的依据。其具体的材料标准指标可参见相关材料手册。

(2) 材料质量的检验、试验

材料质量的检验目的是通过一系列的检测手段，将取得的材料数据与材料的质量标准相比较，用以判断材料质量的可靠性。

(3) 材料的选择和使用要求

材料的选择不当和使用不正确，会严重影响工程质量或造成工程质量事故。因此，在施工过程中，必须针对工程项目的特点和环境要求及材料的性能、质量标准、适用范围等多方面综合考察，慎重选择和使用材料。

(四) 对方法的控制

对方法的控制主要是指对施工方案的控制，也包括对整个工程项目建设期内所采用的技术方案、工艺流程、组织措施、检测手段、施工组织设计等的控制。对一个工程项目而言，施工方案恰当与否，直接关系到工程项目质量，关系到工程项目的成败，所以应重视对方法的控制。这里说的方法控制，在工程施工的不同阶段，其侧重点也不相同，但都是围绕确保工程项目质量这个纲。

(五) 对环境因素的控制

影响工程项目质量的环境因素很多，有工程技术环境、工程管理环境、劳动环境等。环境因素对工程质量的影响复杂而且多变，因此应根据工程特点和具体条件，对影响工程质量的环境因素严格控制。

第四节　质量体系建立与运行

一、施工阶段的质量控制

(一) 质量控制的依据

施工阶段的质量管理及质量控制的依据，大体上可分为两类，即共同性依据及专门技术法规性依据。

共同性依据是指那些适用于工程项目施工阶段与质量控制有关的，具有普遍指导意义和必须遵守的基本文件。主要有工程承包合同文件，设计文件，国家和行业现行的有关质量管理方面的法律、法规文件。

工程承包合同中分别规定了参与施工建设的各方在质量控制方面的权利和义务，并据此对工程质量进行监督和控制。

有关质量检验与控制的专门技术法规性依据是指针对不同行业、不同的质量控制对象而制定的技术法规性的文件，主要包括：

1. 已批准的施工组织设计。它是承包单位进行施工准备和指导现场施工的规划性、指导性文件，详细规定了工程施工的现场布置，人员设备的配置，作业要求，施工工序和工艺，技术保证措施，质量检查方法和技术标准等，是进行质量控制的重要依据。

2. 合同中引用的国家和行业的现行施工操作技术规范、施工工艺规程及验收规范。它是维护正常施工的准则，与工程质量密切相关，必须严格遵守执行。

3. 合同中引用的有关原材料、半成品、配件方面的质量依据。如水泥、钢材、骨料等有关产品技术标准；水泥、骨料、钢材等有关检验、取样方法的技术标准；有关材料验收、包装、标志的技术标准。

4. 制造厂提供的设备安装说明书和有关技术标准。这是施工安装承包人进行设备安装必须遵循的重要技术文件，也是进行检查和控制质量的依据。

（二）质量控制的方法

施工过程中的质量控制方法主要有旁站检查、测量、试验等。

1. 旁站检查

旁站是指有关管理人员对重要工序（质量控制点）的施工所进行的现场监督和检查，以避免质量事故的发生。旁站也是驻地监理人员的一种主要现场检查形式。根据工程施工难度及复杂性，可采用全过程旁站、部分时间旁站两种方式。对容易产生缺陷的部位，或产生了缺陷难以补救的部位，以及隐蔽工程，应加强旁站检查。

在旁站检查中，必须检查承包人在施工中所用的设备、材料及混合料是否符合已批准的文件要求，检查施工方案、施工工艺是否符合相应的技术规范。

2. 测量

测量是对建筑物的尺寸控制的重要手段。应对施工放样及高程控制进行核查，不合格者不准开工。对模板工程、已完工程的几何尺寸、高程、宽度、厚度、坡度等质量指标，按规定要求进行测量验收，不符合规定要求的须进行返工。测量记录，均要事先经工程师审核签字后方可使用。

3. 试验

试验是工程师确定各种材料和建筑物内在质量是否合格的重要方法。所有工程使用的材料，都必须事先经过材料试验，质量必须满足产品标准，并经工程师检查批准后，方可使用。材料试验包括水源、粗骨料、沥青、土工织物等各种原材料，不同等级混凝土的配合比试验，外购材料及成品质量证明和必要的试验鉴定，仪器设备的校调试验，加工后的成品强度及耐用性检验、工程检查等。没有试验数据的工程不予验收。

（三）工序质量监控

1. 工序质量监控的内容

工序质量控制主要包括对工序活动条件的监控和对工序活动效果的监控。

（1）工序活动条件的监控

所谓工序活动条件的监控，就是指对影响工程生产因素进行的控制。工序活动条件的控制是工序质量控制的手段。尽管在开工前对生产活动条件已进行了初步控制，但在工序活动中有的条件还会发生变化，使其基本性能达不到检验指标，这正是生产过程产生质量不稳定的重要原因。因此，只有对工序活动条件进行控制，才能达到对工程或产品的质量性能特性指标的控制。工序活动条件包括的因素较多，要通过分析，分清影响工序质量的主要因素，抓住主要矛盾，逐渐予以调节，以达到质量控制的目的。

（2）工序活动效果的监控

工序活动效果的监控主要反映在对工序产品质量性能的特征指标的控制上。通过对工序活动的产品采取一定的检测手段进行检验，根据检验结果分析、判断该工序活动的质量效果，从而实现对工序质量的控制，其步骤如下：首先是工序活动前的控制，主要要求人、材料、机械、方法或工艺、环境能满足要求；然后采用必要的手段和工具，对抽出的工序子样进行质量检验；应用质量统计分析工具（如直方图、控制图、排列图等）对检验所得的数据进行分析，找出这些质量数据所遵循的规律。根据质量数据分布规律的结果，判断质量是否正常；若出现异常情况，寻找原因，找出影响工序质量的因素，尤其是那些主要因素，采取对策和措施进行调整；再重复前面的步骤，检查调整效果，直到满足要求，这样便可达到控制工序质量的目的。

2. 工序质量监控实施要点

对工序活动质量监控，首先应确定质量控制计划，它是以完善的质量监控体系和质量检查制度为基础的。一方面，工序质量控制计划要明确规定质量监控的工作程序、流程和质量检查制度；另一方面，须进行工序分析，在影响工序质量的因素中，找出对工序质量产生影响的重要因素，进行主动的、预防性的重点控制。例如，在振捣混凝土这一工序中，振捣的插点和振捣时间是影响质量的主要因素，为此，应加强现场监督并要求施工单位严格予以控制。

同时，在整个施工活动中，应采取连续的动态跟踪控制，通过对工序产品的抽样检验，判定其产品质量波动状态，若工序活动处于异常状态，则应查出影响质量的原因，采取措施排除系统性因素的干扰，使工序活动恢复到正常状态，从而保证工序活动及其产品质量。此外，为确保工程质量，应在工序活动过程中设置质量控制点，进行预控。

3. 质量控制点的设置

质量控制点的设置是进行工序质量预防控制的有效措施。质量控制点是指为保证工程质量而必须控制的重点工序、关键部位、薄弱环节。施工前，应全面、合理地选择质量控制点，并对设置质量控制点的情况及拟采取的控制措施进行审核。必要时，应对质量控制实施过程进行跟踪检查或旁站监督，以确保质量控制点的施工质量。

设置质量控制点的对象，主要有以下几方面：

（1）关键的分项工程。如大体积混凝土工程、土石坝工程的坝体填筑、隧洞开挖工程等。

（2）关键的工程部位。如混凝土面板堆石坝面板趾板及周边缝的接缝、土基上水闸的地基基础、预制框架结构的梁板节点、关键设备的设备基础等。

（3）薄弱环节。指经常发生或容易发生质量问题的环节，或承包人无法把握的环节，或采用新工艺（材料）施工的环节等。

（4）关键工序。如钢筋混凝土工程的混凝土振捣，灌注桩钻孔，隧洞开挖的钻孔布置、方向、深度、用药量和填塞等。

（5）关键工序的关键质量特性。如混凝土的强度、耐久性，土石坝的干容重、黏性土的含水率等。

（6）关键质量特性的关键因素。如冬季混凝土强度的关键因素是环境（养护温度），支模的关键因素是支撑方法，泵送混凝土输送质量的关键因素是机械，墙体垂直度的关键因素是人等。

控制点的设置应准确有效，因此究竟选择哪些作为控制点，需要由有经验的质量控制人员进行选择，一般可根据工程性质和特点来确定。

4. 见证点、停止点的概念

在工程项目实施控制中，通常是由承包人在分项工程施工前制订施工计划时，就选定设置控制点，并在相应的质量计划中进一步明确哪些是见证点，哪些是停止点。所谓见证点和停止点是国际上对于重要程度不同及监督控制要求不同的质量控制对象的一种区分方式。见证点监督也称为 W 点监督。凡是被列为见证点的质量控制对象，在规定的控制点施工前，施工单位应提前 24 h 通知监理人员在约定的时间内到现场进行见证并实施监督。如监理人员未按约定到场，施工单位有权对该点进行相应的操作和施工。停止点也称为待检查点或 H 点，它的重要性高于见证点，是针对那些由于施工过程或工序施工质量不易或不能通过其后的检验和试验而充分得到论证的“特殊过程”或“特殊工序”而言的。凡被列入停止点的控制点，要求必须在该控制点来临之前 24 h 通知监理人员到场实验监控，如监理人员未能在约定时间内到达现场，施工单位应停止该控制点的施工，并按合同规定等待监理方，未经认可不能超过该点继续施工，如水闸闸墩混凝土结构在钢筋架立后，混凝土浇筑之前，可设置停止点。

在施工过程中，应加强旁站和现场巡查的监督检查；严格实施隐蔽式工程工序间交接检查验收、工程施工预检等检查监督；严格执行对成品保护的质量检查。只有这样才能及早发现问题，及时纠正，防患于未然，确保工程质量，避免导致工程质量事故。

为了对施工期间的各分部、分项工程的各工序质量实施严密、细致和有效的监督、控制，应认真地填写跟踪档案，即施工和安装记录。

（四）施工合同条件下的工程质量控制

工程施工是使业主及工程设计意图最终实现并形成工程实体的阶段，也是最终形成工程产品质量和工程项目使用价值的重要阶段。由此可见，施工阶段的质量控制不但是工程师的核心工作内容，也是工程项目质量控制的重点。

1. 质量检查（验）的职责和权力

施工质量检查（验）是建设各方质量控制必不可少的一项工作，它可以起到监督、控制质量，及时纠正错误，避免事故扩大，消除隐患等作用。

(1) 承包商质量检查（验）的职责

提交质量保证计划措施报告。保证工程施工质量是承包商的基本义务。承包商应按

IS09000系列标准建立和健全所承包工程的质量保障计划，在组织上和制度上落实质量管理工作，以确保工程质量。

承包商质量检查（验）职责。根据合同规定和工程师的指示，承包商应对工程使用的材料和工程设备以及工程的所有部位及其施工工艺进行全过程的质量自检，并做质量检查（验）记录，定期向工程师提交工程质量报告。同时，承包商应建立一套全部工程的质量记录和报表，以便工程师复核检验和日后发现质量问题时查找原因。当合同发生争议时，质量记录和报表还是重要的当时记录。

自检是检验的一种形式，它是由承包商自己来进行的。在合同环境下，承包商的自检包括：班组的“初检”；施工队的“复检”；公司的“终检”。自检的目的不仅在于判定被检验实体的质量特性是否符合合同要求，更为重要的是用于对过程的控制。因此，承包商的自检是质量检查（验）的基础，是控制质量的关键。为此，工程师有权拒绝对那些“三检”资料不完善或无“三检”资料的过程（工序）进行检验。

（2）工程师的质量检查（验）权力

按照我国有关法律、法规的规定，工程师在不妨碍承包商正常作业的情况下，可以随时对作业质量进行检查（验）。这表明工程师有权对全部工程的所有部位及其任何一项工艺、材料和工程设备进行检查和检验，并具有质量否决权。具体内容包括：

①复核材料和工程设备的质量及承包商提交的检查结果。

②对建筑物开工前的定位定线进行复核签证，未经工程师签认不得开工。

③对隐蔽工程和工程的隐蔽部位进行覆盖前的检查（验），上道工序质量不合格的不得进入下一工序施工。

④对正在施工中的工程在现场进行质量跟踪检查（验），发现问题及时纠正等。

这里需要指出，承包商要求工程师进行检查（验）的意向，以及工程师要进行检查（验）的意向均应提前24 h通知对方。

2. 材料、工程设备的检查和检验

《水利水电土建工程施工合同条件》通用条款及技术条款规定，材料和工程设备的采购分两种情况：承包商负责采购的材料和工程设备。业主负责采购的工程设备，承包商负责采购的材料。

对材料和工程设备进行检查和检验时应区别对待以上两种情况。

（1）材料和工程设备的检验和交货验收

对承包商采购的材料和工程设备，其产品质量承包商应对业主负责。材料和工程设备的检验和交货验收由承包商负责实施，并承担所需费用。具体做法：承包商会同工程师进行检验和交货验收，查验材质证明和产品合格证书；此外，承包商还应按合同规定进行材料的抽样检验和工程设备的检验测试，并将检验结果提交给工程师；工程师参加交货验收不能减轻或免除承包商在检验和验收中应负的责任。

对业主采购的工程设备，为了简化验交手续和重复装运，业主应将其采购的工程设备由生产厂家直接移交给承包商。为此，业主和承包商在合同规定的交货地点（如生产厂家、工地或其他合适的地方）共同进行交货验收，由业主正式移交给承包商。在交货验收过程中，业主采购的工程设备检验及测试由承包商负责，业主不必再配备检验及测试用的设备和人员，但承包商必须将其检验结果提交工程师，并由工程师复核签认检验结果。

（2）工程师检查或检验

工程师和承包商应商定对工程所用的材料和工程设备进行检查和检验的具体时间和地点。通常情况下，工程师应到场参加检查或检验，如果在商定时间内工程师未到场参加检查或检验，且工程师无其他指示（如延期检查或检验），承包商可自行检查或检验，并立即将检查或检验结果提交给工程师。除合同另有规定外，工程师应在事后确认承包商提交的检查或检验结果。

对于承包商未按合同规定检查或检验材料和工程设备，工程师指示承包商按合同规定补做检查或检验。此时，承包商应无条件地按工程师的指示和合同规定补做检查或检验，并应承担检查或检验所需的费用和可能带来的工期延误责任。

（3）额外检验和重新检验

①额外检验

在合同履行过程中，如果工程师需要增加合同中未做规定的检查和检验项目，工程师有权指示承包商增加额外检验，承包商应遵照执行，但应由业主承担额外检验的费用和工期延误责任。

②重新检验

在任何情况下，如果工程师对以往的检验结果有疑问，有权指示承包商进行再次检验即重新检验，承包商必须执行工程师指示，不得拒绝。“以往检验结果”是指已按合同规定要求得到工程师的同意，如果承包商的检验结果未得到工程师同意，则工程师指示承包商进行的检验不能称为重新检验，应为合同内检测。

重新检验带来的费用增加和工期延误责任的承担视重新检验结果而定。如果重新检验结果证明这些材料、工程设备、工序不符合合同要求，则应由承包商承担重新检验的全部费用和工期延误责任；如果重新检验结果证明这些材料、工程设备、工序符合合同要求，则应由业主承担重新检验的费用和工期延误责任。

当承包商未按合同规定进行检查或检验，并且不执行工程师有关补做检查或检验指示和重新检验的指示时，工程师为了及时发现可能的质量隐患，减少可能造成的损失，可以指派自己的人员或委托其他人进行检查或检验，以保证质量。此时，不论检查或检验结果如何，工程师因采取上述检查或检验补救措施而造成的工期延误和增加的费用均应由承包商承担。

（4）不合格工程、材料和工程设备

①禁止使用不合格材料和工程设备。

工程使用的一切材料、工程设备均应满足合同规定的等级、质量标准和技术特性。工程师在工程质量的检查或检验中发现承包商使用了不合格材料或工程设备时，可以随时发出指示，要求承包商立即改正，并禁止在工程中继续使用这些不合格的材料和工程设备。

如果承包商使用了不合格材料和工程设备，其造成的后果应由承包商承担责任，承包商应无条件地按工程师指示进行补救。业主提供的工程设备经验收不合格的应由业主承担相应责任。

②不合格工程、材料和工程设备的处理。

如果工程师的检查或检验结果表明承包商提供的材料或工程设备不符合合同要求，工程师可以拒绝接收，并立即通知承包商。此时，承包商除立即停止使用外，应与工程师共同研究补救措施。如果在使用过程中发现不合格材料，工程师应视具体情况，下达运出现场或降级使用的指示。

如果检查或检验结果表明业主提供的工程设备不符合合同要求，承包商有权拒绝接收，并要求业主予以更换。

如果因承包商使用了不合格材料和工程设备造成了工程损害，工程师可以随时发出指示，要求承包商立即采取措施进行补救，直至彻底清除工程的不合格部位及不合格材料和工程设备。

如果承包商无故拖延或拒绝执行工程师的有关指示，则业主有权委托其他承包商执行该项指示。由此而造成的工期延误和增加的费用由承包商承担。

3. 隐蔽工程

隐蔽工程和工程隐蔽部位是指已完成的工作面经覆盖后将无法事后查看的任何工程部位和基础。由于隐蔽工程和工程隐蔽部位的特殊性及重要性，因此没有工程师的批准，工程的任何部分均不得覆盖或使之无法查看。

对于将被覆盖的部位和基础在进行下一道工序之前，首先由承包商进行自检（“三检”），确认符合合同要求后，再通知工程师进行检查，工程师不得无故缺席或拖延，承包商通知时应考虑到工程师有足够的检查时间。工程师应按通知约定的时间到场进行检查，确认质量符合合同规定要求，并在检查记录上签字后，才能允许承包商进入下一道工序，进行覆盖。承包商在取得工程师的检查签证之前，不得以任何理由进行覆盖，否则，承包商应承担因补检而增加的费用和工期延误责任。如果由于工程师未及时到场检查，承包商因等待或延期检查而造成工期延误则承包商有权要求延长工期和赔偿其停工、窝工等损失。

4. 放线

（1）施工控制网

工程师应在合同规定的期限内向承包商提供测量基准点、基准线和水准点及其书面资料。业主和工程师应对测量点、基准线和水准点的正确性负责。

承包商应在合同规定期限内完成测设自己的施工控制网，并将施工控制网资料报送工程师审批。承包商应对施工控制网的正确性负责。此外，承包商还应负责保管全部测量基准和控制网点。工程完工后，应将施工控制网点完好地移交给业主。

工程师为了监理工作的需要，可以使用承包商的施工控制网，并不为此另行支付费用。此时，承包商应及时提供必要的协助，不得以任何理由加以拒绝。

（2）施工测量

承包商应负责整个施工过程中的全部施工测量放线工作，包括地形测量、放样测量、断面测量、支付收方测量和验收测量等，并应自行配置合格的人员、仪器、设备和其他物品。

承包商在施测前，应将施工测量措施报告报送工程师审批。

工程师应按合同规定对承包商的测量数据和放样成果进行检查。工程师认为必要时还可指示承包商在工程师的监督下进行抽样复测，并修正复测中发现的错误。

5. 完工和保修

（1）完工验收

完工验收指承包商基本完成合同中规定的工程项目后，移交给业主接收前的交工验收，不是国家或业主对整个项目的验收。基本完成是指不一定要合同规定的工程项目全部完成，有些不影响工程使用的尾工项目，经工程师批准，可待验收后在保修期中去完成。

①完工验收申请报告。当工程具备了下列条件，并经工程师确认时，承包商即可向业主和工程师提交完工验收申请报告，并附上完工资料：

A. 除工程师同意可列入保修期完成的项目外，已完成了合同规定的全部工程项目。

B. 已按合同规定备齐了完工资料，包括：工程实施概况和大事记，已完工程（含工程设备）清单，永久工程完工图，列入保修期完成的项目清单，未完成的缺陷修复清单，施工期观测资料，各类施工文件、施工原始记录等。

C. 已编制了在保修期内实施的项目清单和未修复的缺陷项目清单以及相应的施工措施计划。

②工程师审核

工程师在接到承包商完工验收申请报告后的28d内进行审核并做出决定，或者提请业主进行工程验收，或者通知承包商在验收前尚应完成的工作和对申请报告的异议，承包商应在完成工作后或修改报告后重新提交完工验收申请报告。

③完工验收和移交证书

业主在接到工程师提请进行工程验收的通知后，应在收到完工验收申请报告后56d内组织工程验收，并在验收通过后向承包商颁发移交证书。移交证书上应注明由业主、承包商、工程师协商核定的工程实际完工日期。此日期是计算承包商完工工期的依据，也是工程保修期的开始。从颁交证书之日起，照管工程的责任即应由业主承担，且在此后14d内，业主应将保留金总额的50%退还给承包商。

④分阶段验收和施工期运行

水利水电工程中分阶段验收有两种情况。第一种情况是在全部工程验收前，某些单位工程，如船闸、隧洞等已完工，经业主同意可先行单独进行验收，通过后颁发单位工程移交证书，由业主先接管该单位工程。第二种情况是业主根据合同进度计划的安排，须提前使用尚未全部建成的工程，如大坝工程达到某一特定高程可以满足初期发电时，可对该部分工程进行验收，以满足初期发电要求。验收通过应签发临时移交证书。工程未完成部分仍由承包商继续施工。对通过验收的部分工程由于在施工期运行而使承包商增加了修复缺陷的费用，业主应给予适当的补偿。

⑤业主拖延验收

如业主在收到承包商完工验收申请报告后，不及时进行验收，或在验收通过后无故不颁发移交证书，则业主应从承包商发出完工验收申请报告56d后的次日起承担照管工程的费用。

（2）工程保修

①保修期（FIDIC 条款中称为缺陷通知期）

工程移交前，虽然已通过验收，但是还未经过运行的考验，而且还可能有一些尾工项目和修补缺陷项目未完成，所以还必须有一段期间用来检验工程的正常运行，这就是保修期。水利水电土建工程保修期一般为一年，从移交证书中注明的全部工程完工日期开始起算。在全部工程完工验收前，业主已提前验收的单位工程或部分工程，若未投入正常运行，其保修期仍按全部工程完工日期起算；若验收后投入正常运行，其保修期应从该单位工程或部分工程移交证书上注明的完工日期起算。

②保修责任

A. 保修期内，承包商应负责修复完工资料中未完成的缺陷修复清单所列的全部项目。

B. 保修期内如发现新的缺陷和损坏，或原修复的缺陷又遭损坏，承包商应负责修复。至于修复费用由谁承担，须视缺陷和损坏的原因而定。由于承包商施工中的隐患或其他承包商原因所造成，应由承包商承担；若由于业主使用不当或业主其他原因所致，则由业主承担。

保修责任终止证书（F1DIC 条款中称为履约证书）。在全部工程保修期满，且承包商不遗留任何尾工项目和缺陷修补项目，业主或授权工程师应在 28d 内向承包商颁发保修责任终止证书。

保修责任终止证书的颁发，表明承包商已履行了保修期的义务，工程师对其满意，也表明了承包商已按合同规定完成了全部工程的施工任务，业主接受了整个工程项目。但此时合同双方的财务账目尚未结清，可能有些争议还未解决，故并不意味合同已履行结束。

（3）清理现场与撤离

圆满完成清场工作是承包商进行文明施工的一个重要标志。一般而言，在工程移交证书颁发前，承包商应按合同规定的工作内容对工地进行彻底清理，以便业主使用已完成的工程。经业主同意后也可留下部分清场工作在保修期满前完成。

承包商应按下列工作内容对工地进行彻底清理，并须经工程师检验合格为止：

①工程范围内残留的垃圾已全部焚毁、掩埋或清除出场。

②临时工程已按合同规定拆除，场地已按合同要求清理和平整。

③承包商设备和剩余的建筑材料已按计划撤离工地，废弃的施工设备和材料亦已清除。

④施工区内的永久道路和永久建筑物周围的排水沟道，均已按合同图纸要求和工程师

指示进行疏通和修整。

⑤主体工程建筑物附近及其上、下游河道中的施工堆积场，已按工程师的指示予以清理。

此外，在全部工程的移交证书颁发后42d内，除了经工程师同意，由于保修期工作需要留下部分承包商人员、施工设备和临时工程外，承包商的队伍应撤离工地，并做好环境恢复工作。

二、全面质量管理的基本概念

全面质量管理（Total Quality Management，简称TQM）是企业管理的中心环节，是企业管理的纲，它和企业的经营目标是一致的。这就是要求将企业的生产经营管理和质量管理有机地结合起来。

（一）全面质量管理的基本概念

全面质量管理是以组织全员参与为基础的质量管理模式，它代表了质量管理的最新阶段，最早起源于美国，菲根堡姆（Armand Vallin Feigenbaum）指出：全面质量管理是为了能够在最经济的水平上，并充分考虑到满足用户的要求的条件下进行市场研究、设计、生产和服务，把企业内各部门研制质量、维持质量和提高质量的活动构成为一体的一种有效体系。他的理论经过世界各国的继承和发展，得到了进一步的扩展和深化。1994版IS09000族标准中对全面质量管理的定义为：一个组织以质量为中心，以全员参与为基础，目的在于通过让顾客满意和本组织所有成员及社会受益而达到长期成功的管理途径。

（二）全面质量管理的基本要求

1. 全过程的管理

任何一个工程（和产品）的质量，都有一个产生、形成和实现的过程；整个过程是由多个相互联系、相互影响的环节所组成的，每一环节都或重或轻地影响着最终的质量状况。因此，要搞好工程质量管理，必须把形成质量的全过程和有关因素控制起来，形成一个综合的管理体系，做到以防为主，防检结合，重在提高。

2. 全员的质量管理

工程（产品）的质量是企业各方面、各部门、各环节工作质量的反映。每一环节，每一个人的工作质量都会不同程度地影响着工程（产品）最终质量。工程质量人人有责，只有人人都关心工程的质量，做好本职工作，才能建设出好质量的工程。

3. 全企业的质量管理

全企业的质量管理，一方面，要求企业各管理层次都要有明确的质量管理内容，各层次的侧重点要突出，每个部门应有自己的质量计划、质量目标和对策，层层控制；另一方面，就是要把分散在各部门的质量职能发挥出来。如水利水电工程中的“三检制”，就充分反映这一观点。

4. 多方法的管理

影响工程质量的因素越来越复杂：既有物质的因素，又有人为的因素；既有技术因素，又有管理因素；既有内部因素，又有企业外部因素。要搞好工程质量，就必须把这些影响因素控制起来，分析它们对工程质量的不同影响。灵活运用各种现代化管理方法来解决工程质量问题。

（三）全面质量管理的基本指导思想

1. 质量第一、以质量求生存

任何产品都必须达到所要求的质量水平，否则就没有或未实现其使用价值，从而给消费者、给社会带来损失。从这个意义上讲，质量必须是第一位的。贯彻“质量第一”就要求企业全员，尤其是领导层，要有强烈的质量意识；要求企业在确定质量目标时，首先应根据用户或市场的需求，科学地确定质量目标，并安排人力、物力、财力予以保证。当质量与数量、社会效益与企业效益、长远利益与眼前利益发生矛盾时，应把质量、社会效益和长远利益放在首位。

“质量第一”并非“质量至上”。质量不能脱离当前的市场水准，也不能不问成本一味地讲求质量。应该重视质量成本的分析，把质量与成本加以统一，确定最适合的质量。

2. 用户至上

在全面质量管理中，这是一个十分重要的指导思想。“用户至上”就是要树立以用户为中心，为用户服务的思想。要使产品质量和服务质量尽可能满足用户的要求。产品质量的好坏，最终应以用户的满意程度为标准。这里，所谓用户是广义的，不仅指产品出厂后的直接用户，而且指在企业内部，下道工序是上道工序的用户。如混凝土工程、模板工程的质量直接影响混凝土浇筑这一下道关键工序的质量。每道工序的质量不仅影响下道工序质量，也会影响工程进度和费用。

3. 质量是设计、制造出来的，而不是检验出来的

在生产过程中，检验是重要的，它可以起到不允许不合格品出厂的把关作用，同时还可以将检验信息反馈到有关部门。但影响产品质量好坏的真正原因并不在检验，而主要在于设计和制造。设计质量是先天性的，在设计的时候就已经决定了质量的等级和水平；而制造只是实现设计质量，是符合性的。二者不可偏废，都应重视。

4. 强调用数据说话

这就是要求在全面质量管理工作中具有科学的工作作风，在研究问题时不能满足于一知半解和表面，对问题不仅有定性分析，还尽量有定量分析，做到心中有“数”，这样才可以避免主观盲目性。

在全面质量管理中广泛地采用了各种统计方法和工具，其中用得最多的有“七种工具”，即因果图、排列图、直方图、相关图、控制图、分层法和调查表。常用的数理统计方法有回归分析、方差分析、多元分析、实验分析、时间序列分析等。

5. 突出人的积极因素

从某种意义上讲，在开展质量管理活动过程中，人的因素是最积极、最重要的因素。与质量检验阶段和统计质量控制阶段相比较，全面质量管理阶段格外强调调动人的积极因素的重要性。这是因为现代化生产多为大规模系统，环节众多，联系密切复杂，远非单纯靠质量检验或统计方法就能奏效的。必须调动人的积极因素，加强质量意识，发挥人的主观能动性，以确保产品和服务的质量。全面质量管理的特点之一就是全体人员参加的管理。“质量第一，人人有责”。

要提高质量意识，调动人的积极因素，一靠教育，二靠规范，需要通过教育培训和考核，同时还要依靠有关质量的立法以及必要的行政手段等各种激励及处罚措施。

（四）全面质量管理的工作原则

1. 预防原则

在企业的质量管理工作中，要认真贯彻预防为主的原则，凡事要防患于未然。在产品制造阶段应该采用科学方法对生产过程进行控制，尽量把不合格品消灭在发生之前。在产品的检验阶段，不论是对最终产品或是在制品，都要把质量信息及时反馈并认真处理。

2. 经济原则

全面质量管理强调质量，但无论质量保证的水平或预防不合格的深度都是没有止境的，必须考虑经济性，建立合理的经济界限，这就是所谓经济原则。因此，在产品设计制

定质量标准时，在生产过程进行质量控制时，在选择质量检验方式为抽样检验或全数检验时等场合，都必须考虑其经济效益。

3. 协作原则

协作是大生产的必然要求。生产和管理分工越细，就越要求协作。一个具体单位的质量问题往往涉及许多部门，如无良好的协作是很难解决的。因此，强调协作是全面质量管理的一条重要原则，也反映了系统科学全局观点的要求。

4. 按照 PDCA 循环组织活动

PDCA 循环是质量体系活动所应遵循的科学工作程序，周而复始，内外嵌套，循环不已，以求质量不断提高。

（五）全面质量管理的运转方式

质量保证体系运转方式是按照计划（P）、执行（D）、检查（C）、处理（A）的管理循环进行的。它包括四个阶段和八个工作步骤。

1. 四个阶段

（1）计划阶段

按使用者要求，根据具体生产技术条件，找出生产中存在的问题及其原因，拟订生产对策和措施计划。

（2）执行阶段

按预定对策和生产措施计划，组织实施。

（3）检查阶段

对生产成品进行必要的检查和测试，即把执行的工作结果与预定目标对比，检查执行过程中出现的情况和问题。

（4）处理阶段

把经过检查发现的各种问题及用户意见进行处理。凡符合计划要求的予以肯定，成文标准化。对不符合设计要求和不能解决的问题，转入下一循环以进一步研究解决。

2. 八个步骤

（1）分析现状，找出问题，不能凭印象和表面做判断。结论要用数据表示。

（2）分析各种影响因素，要把可能因素一一加以分析。

（3）找出主要影响因素，要努力找出主要因素进行解剖，才能改进工作，提高产品质量。

（4）研究对策，针对主要因素拟定措施，制订计划，确定目标。

以上属P阶段工作内容。

（5）执行措施，为D阶段的工作内容。

（6）检查工作成果，对执行情况进行检查，找出经验教训，为C阶段的工作内容。

（7）巩固措施，制定标准，把成熟的措施定成标准（规程、细则），形成制度。

（8）遗留问题转入下一个循环。

以上（7）和（8）为A阶段的工作内容。

第五节 工程质量评定与验收

一、工程质量评定

（一）质量评定的意义

工程质量评定是依据国家或部门统一制定的现行标准和方法，对照具体施工项目的质量结果，确定其质量等级的过程。水利水电工程按《水利水电工程施工质量检验与评定规程》（SL 176-2007）执行。其意义在于统一评定标准和方法，正确反映工程的质量，使之具有可比性；同时也考核企业等级和技术水平，促进施工企业提高质量。

工程质量评定以单元工程质量评定为基础，其评定的先后次序是单元工程、分部工程和单位工程。

工程质量的评定在施工单位（承包商）自评的基础上，由建设（监理）单位复核，报政府质量监督机构核定。

（二）评定依据

1. 国家与水利水电部门有关行业规程、规范和技术标准。

2. 经批准的设计文件、施工图纸、设计修改通知、厂家提供的设备安装说明书及有关技术文件。

3. 工程合同采用的技术标准。

4. 工程试运行期间的试验及观测分析成果。

（三）评定标准

1. 单元工程质量评定标准

单元工程质量等级按《水利水电工程施工质量检验与评定规程》（SL 176-2007）进行。当单元工程质量达不到合格标准时，必须及时处理，其质量等级按如下确定：

（1）全部返工重做的，可重新评定等级；

（2）经加固补强并经过鉴定能达到设计要求，其质量只能评定为合格；

（3）经鉴定达不到设计要求，但建设（监理）单位认为能基本满足安全和使用功能要求的，可不补强加固，或经补强加固后，改变外形尺寸或造成永久缺陷的，经建设（监理）单位认为能基本满足设计要求，其质量可按合格处理。

2. 分部工程质量评定标准

分部工程质量合格的条件是：

（1）单元工程质量全部合格；

（2）中间产品质量及原材料质量全部合格，金属结构及启闭机制造质量合格，机电产品质量合格。

分部工程优良的条件是：

（1）单元工程质量全部合格，其中有50%以上达到优良，主要单元工程、重要隐蔽工程及关键部位的单位工程质量优良，且未发生过质量事故；

（2）中间产品质量全部合格，其中混凝土拌和物质量达到优良，原材料质量、金属结构及启闭机制造质量合格，机电产品质量合格。

3. 单位工程质量评定标准

单位工程质量合格的条件是：

（1）分部工程质量全部合格；

（2）中间产品质量及原材料质量全部合格，金属结构及启闭机制造质量合格，机电产品质量合格；

（3）外观质量得分率达70%以上；

（4）施工质量检验资料基本齐全。

单位工程优良的条件是：

（1）分部工程质量全部合格，其中有70%以上达到优良，主要分部工程质量优良，且未发生过重大质量事故；

（2）中间产品质量全部合格，其中混凝土拌和物质量达到优良，原材料质量、金属结构及启闭机制造质量合格，机电产品质量合格；

（3）外观质量得分率达 85%以上；

（4）施工质量检验资料齐全。

4. 工程质量评定标准

单位工程质量全部合格，工程质量可评为合格；如其中 50%以上的单位工程优良，且主要建筑物单位工程质量优良，则工程质量可评优良。

二、工程质量验收

（一）概述

工程验收是在工程质量评定的基础上，依据一个既定的验收标准，采取一定的手段来检验工程产品的特性是否满足验收标准的过程。水利水电工程验收分为分部工程验收、阶段验收、单位工程验收和竣工验收。按照验收的性质，可分为投入使用验收和完工验收。工程验收的目的是：检查工程是否按照批准的设计进行建设；检查已完工程在设计、施工、设备制造安装等方面的质量，并对验收遗留问题提出处理要求；检查工程是否具备运行或进行下一阶段建设的条件；总结工程建设中的经验教训，并对工程做出评价；及时移交工程，尽早发挥投资效益。

工程验收的依据是：有关法律、规章和技术标准，主管部门有关文件，批准的设计文件及相应设计变更、修设文件，施工合同，监理签发的施工图纸和说明，设备技术说明书等。当工程具备验收条件时，应及时组织验收。未经验收或验收不合格的工程不得交付使用或进行后续工程施工。验收工作应相互衔接，不应重复进行。

工程进行验收时必须有质量评定意见，阶段验收和单位工程验收应有水利水电工程质量监督单位的工程质量评价意见；竣工验收必须有水利水电工程质量监督单位的工程质量评定报告，竣工验收委员会在其基础上鉴定工程质量等级。

（二）工程验收的主要工作

1. 分部工程验收

分部工程验收应具备的条件是该分部工程的所有单元工程已经完建且质量全部合格。分部工程验收的主要工作是：鉴定工程是否达到设计标准；按现行国家或行业技术标准，评定工程质量等级；对验收遗留问题提出处理意见。分部工程验收的图纸、资料和成果是竣工验收资料的组成部分。

2. 阶段验收

根据工程建设需要，当工程建设达到一定关键阶段（如基础处理完毕、截流、水库蓄水、机组启动、输水工程通水等）时，应进行阶段验收。阶段验收的主要工作是：检查已完工程的质量和形象面貌；检查在建工程建设情况；检查待建工程的计划安排和主要技术措施落实情况，以及是否具备施工条件；检查拟投入使用工程是否具备运用条件；对验收遗留问题提出处理要求。

3. 完工验收

完工验收应具备的条件是所有分部工程已经完建并验收合格。完工验收的主要工作是：检查工程是否按批准设计完成；检查工程质量，评定质量等级，对工程缺陷提出处理要求；对验收遗留问题提出处理要求；按照合同规定，施工单位向项目法人移交工程。

4. 竣工验收

工程在投入使用前必须通过竣工验收。竣工验收应在全部工程完建后3个月内进行。进行验收确有困难的，经工程验收主持单位同意，可以适当延长期限。竣工验收应具备以下条件：工程已按批准设计规定的内容全部建成；各单位工程能正常运行；历次验收所发现的问题已基本处理完毕；归档资料符合工程档案资料管理的有关规定；工程建设征地补偿及移民安置等问题已基本处理完毕，工程主要建筑物安全保护范围内的迁建和工程管理土地征用已经完成；工程投资已经全部到位；竣工决算已经完成并通过竣工审计。

竣工验收的主要工作：审查项目法人“工程建设管理工作报告”和初步验收工作组“初步验收工作报告”；检查工程建设和运行情况；协调处理有关问题；讨论并通过“竣工验收鉴定书”。

第六章 水利工程安全管理

第一节　水利工程安全管理概述

一、安全管理概念

安全生产是指生产过程处于避免人身伤害、设备损坏及其他不可接受的损害风险（危险）的状态。不可接受的损害风险（危险）是指：超出了法律、法规和规章的要求，超出了方针、目标和企业规定的其他要求，超出了人们普遍接受的要求。建筑工程安全生产管理是指建设行政主管部门、建筑安全监督管理机构、建筑施工企业及有关单位对建筑安全生产过程中的安全工作，进行计划、组织、指挥、控制、监督、调节和改进等一系列致力于满足生产安全的管理活动。

（一）建筑工程安全生产管理的特点

1. 安全生产管理涉及面广、涉及单位多

由于建筑工程规模大，生产工艺复杂、工序多，在建造过程中流动作业多、高处作业多，作业位置多变，遇到不确定因素多，所以安全管理工作涉及范围大，控制面广。安全管理不仅是施工单位的责任，还包括建设单位、勘察设计单位、监理单位，这些单位也要为安全管理承担相应的责任和义务。

2. 安全生产管理动态性

（1）由于建筑工程项目的单件性，使得每项工程所处的条件不同，所面临的危险因素和防范也会有所改变。

（2）工程项目的分散性。施工人员在施工过程中，分散于施工现场的各个部位，当他们面对各种具体的生产问题时，一般依靠自己的经验和知识进行判断并做出决定，从而增加了施工过程中由不安全行为而导致事故的风险。

3. 安全生产管理的交叉性

建筑工程项目是开放系统，受自然环境和社会环境影响很大，安全生产管理需要把工程系统和环境系统及社会系统相结合。

4. 安全生产管理的严谨性

安全状态具有触发性，安全管理措施必须严谨，一旦失控，就会造成损失和伤害。

（二）建筑工程安全生产管理的方针

“安全第一”是建筑工程安全生产管理的原则和目标，“预防为主”是实现安全第一的最重要手段。

（三）建筑工程安全管理的原则

1.“管生产必须管安全”的原则

一切从事生产、经营的单位和管理部门都必须管安全，全面开展安全工作。

2.“安全具有否决权”的原则

安全管理工作是衡量企业经营管理工作好坏的一项基本内容，在对企业进行各项指标考核时，必须首先考虑安全指标的完成情况。安全生产指标具有一票否决的作用。

3. 职业安全卫生“三同时”的原则

“三同时”指建筑工程项目其劳动安全卫生设施必须符合国家规范规定的标准，必须与主体工程同时设计、同时施工、同时投入生产和使用。

（四）安全生产责任制度

安全生产责任制度是建筑生产中最基本的安全管理制度，是所有安全规章制度的核心。安全生产责任制度是指将各种不同的安全责任落实到具体安全管理的人员和具体岗位人员身上的一种制度。这一制度是安全第一、预防为主的具体体现，是建筑安全生产的基本制度。

（五）安全生产目标管理

安全生产目标管理就是根据建筑施工企业的总体规划要求，制定出在一定时期内安全生产方面所要达到的预期目标并组织实现此目标。其基本内容是：确定目标、目标分解、执行目标、检查总结。

（六）施工组织设计

施工组织设计是组织建设工程施工的纲领性文件，是指导施工准备和组织施工的全面性的技术、经济文件，是指导现场施工的规范性文件。施工组织设计必须在施工准备阶段完成。

（七）安全技术措施

安全技术措施是指为防止工伤事故和职业病的危害，从技术上采取的措施。在工程施工中，是指针对工程特点、环境条件、劳力组织、作业方法、施工机械、供电设施等制定的确保安全施工的措施。

安全技术措施也是建设工程项目管理实施规划或施工组织设计的重要组成部分。

（八）安全技术交底

安全技术交底是落实安全技术措施及安全管理事项的重要手段之一。重大安全技术措施及重要部位的安全技术由公司负责人向项目经理部技术负责人进行书面的安全技术交底；一般安全技术措施及施工现场应注意的安全事项由项目经理部技术负责人向施工作业班组、作业人员做出详细说明，并经双方签字认可。

（九）安全教育

安全教育是实现安全生产的一项重要基础工作，它可以提高职工搞好安全生产的自觉性、积极性和创造性，增强安全意识，掌握安全知识，提高职工的自我防护能力，使安全规章制度得到贯彻执行。安全教育培训的主要内容有：安全生产思想、安全知识、安全技能、安全操作规程标准、安全法规、劳动保护和典型事例。

（十）班组安全活动

班组安全活动是指在上班前由班组长组织并主持，根据本班目前工作内容，重点介绍安全注意事项、安全操作要点，以达到组员在班前掌握安全操作要领，提高安全防范意识，减少事故发生的活动。

（十一）特种作业

特种作业是指在劳动过程中容易发生伤亡事故，对操作者本人，尤其对他人和周围设施的安全有重大危害因素的作业。直接从事特种作业者，称特种作业人员。

（十二）安全检查

安全检查是指建设行政主管部门、施工企业安全生产管理部门或项目经理，对施工企业和工程项目经理部贯彻国家安全生产法律及法规的情况、安全生产情况、劳动条件、事故隐患等进行的检查。

（十三）安全事故

安全事故是人们在进行有目的的活动中，发生了违背人们意愿的不幸事件，使其有目的的行动暂时或永久地停止。重大安全事故，是指在施工过程中由于责任过失造成工程倒塌或废弃、机械设备破坏和安全设施失当造成人身伤亡或者重大经济损失的事故。

（十四）安全评价

安全评价是采用系统科学方法，辨别和分析系统存在的危险性并根据其形成事故的风险大小，采取相应的安全措施，以达到系统安全的过程。安全评价的基本内容有：识别危险源、评价风险、采取措施，直到达到安全目标。

（十五）安全标志

安全标志由安全色、几何图形符号构成，以此表达特定的安全信息。其目的是引起人们对不安全因素的注意，预防事故的发生。安全标志分为禁止标志、警告标志、指令标志、提示性标志四类。

二、工程施工特点

建筑业的生产活动危险性大，不安全因素多，是事故多发行业。建筑施工的特点主要是：

第一，工程建设最大的特点就是产品固定，这是它不同于其他行业的根本点。建筑产品是固定的，体积大、生产周期长。建筑物一旦施工完毕就固定了，生产活动都是围绕着建筑物、构筑物来进行的，有限的场地上集中了大量的人员、建筑材料、设备零部件和施工机具等，这样的情况可以持续几个月或一年，有的甚至需要七八年，工程才能完成。

第二，高处作业多，工人常年在室外操作。一栋建筑物从基础、主体结构到屋面工程、室外装修等，露天作业约占整个工程的70%。现在的建筑物一般都在7层以上，绝大部分工人都在十几米或几十米的高处从事露天作业。工作条件差，且受到气候条件多变的影响。

第三，手工操作多，繁重的劳动消耗大量体力。建筑业是劳动密集型的传统行业之一，大多数工种需要手工操作。近几年来，墙体材料有了改革，出现了大模、滑模、大板等施工工艺，但就全国来看，绝大多数墙体仍然是使用黏土砖、水泥空心砖和小砌块砌筑。

第四，现场变化大。每栋建筑物从基础、主体到装修，每道工序都不同，不安全因素也就不同，即使同一工序由于施工工艺和施工方法不同，生产过程也不同。而随着工程进度的推进，施工现场的施工状况和不安全因素也随之变化。为了完成施工任务，要采取很多临时性措施。

第五，近年来，建筑任务已由以工业为主向以民用建筑为主转变，建筑物由低层向高层发展，施工现场由较为宽阔的场地向狭窄的场地变化。施工现场的吊装工作量增多，垂直运输的办法也多了，多采用龙门架（或井字架）、高大旋转塔吊等。随着流水施工技术和网络施工技术的运用，交叉作业也随之大量增加，木工机械如电平刨、电锯普遍使用。因施工条件变化，伤亡类别增多。过去是“钉子扎脚”等小事故较多，现在则是机械伤害、高处坠落、触电等事故较多。

建筑施工复杂，加上流动分散、工期不固定，比较容易形成临时观念，不采取可靠的安全防护措施，存在侥幸心理，伤亡事故必然频繁发生。

第二节　施工安全因素

事故潜在的不安全因素是造成人的伤害、物的损失事故的先决条件，各种人身伤害事故均离不开物与人这两个因素。人的不安全行为和物的不安全状态，是造成绝大部分事故的两个方面潜在的不安全因素，通常也可称作事故隐患。

一、安全因素特点

安全是在人类生产过程中，将系统的运行状态对人类的生命、财产、环境可能产生的损害控制在人类能接受水平以下的状态。安全因素的定义就是在某一指定范围内与安全有关的因素。水利水电工程施工安全因素有以下特点：

第一，安全因素的确定取决于所选的分析范围，此处分析范围可以指整个工程，也可以针对具体工程的某一施工过程或者某一部分的施工，例如围堰施工、升船机施工等。

第二，安全因素的辨识依赖于对施工内容的了解，对工程危险源的分析以及运作安全风险评价的人员的安全工作经验。

第三，安全因素具有针对性，并不是对于整个系统事无巨细的考虑，安全因素的选取具有一定的代表性和概括性。

第四，安全因素具有灵活性，只要能对所分析的内容具有一定概括性，能达到系统分析的效果的，都可成为安全因素。

第五，安全因素是进行安全风险评价的关键点，是构成评价系统框架的节点。

二、安全因素辨识过程

安全因素是进行风险评价的基础，人们在辨识出的安全因素的基础上，进行风险评价框架的构建。进行水利水电工程施工安全因素的辨识，首先对工程施工内容和施工危险源进行分析和了解，在危险源的认知基础上，以整个工程为分析范围，从管理、施工人员、材料、危险控制等各个方面结合以往的安全分析危险，进行安全因素的辨识。

宏观安全因素辨识工作需要收集以下资料：

（一）工程所在区域状况

1. 本地区有无地震、洪水、浓雾、暴雨、雪害、龙卷风及特殊低温等自然灾害？

2. 工程施工期间如发生火药爆炸、油库火灾爆炸等对邻近地区有何影响？

3. 工程施工过程中如发生大范围滑坡、塌方及其他意外情况对行船、导流、行车等有无影响？

4. 附近有无易燃、易爆、毒物泄漏的危险源，对本区域的影响如何？是否存在其他类型的危险源？

5. 工程施工过程中排土、排渣是否会形成公害或对本工程及友邻工程进行产生不良影响？

6. 公用设施如供水、供电等是否充足？重要设施有无备用电源？

7. 本地区消防设备和人员是否充足？

8. 本地区医院、救护车及救护人员等配置是否适当？有无现场紧急抢救措施？

（二）安全管理情况

1. 安全机构、安全人员设置满足安全生产要求与否？

2. 怎样进行安全管理的计划、组织协调、检查、控制工作？

3. 对施工队伍中各类用工人员是否实行了安全一体化管理？

4. 有无安全考评及奖罚方面的措施？

5. 如何进行事故处理？同类事故发生情况如何？

6. 隐患整改如何？

7. 是否制订有切实有效且操作性强的防灾计划？领导是否经常过问？关键性设备、设施是否定期进行试验、维护？

8. 整个施工过程是否制定完善的操作规程和岗位责任制？实施状况如何？

9. 程序性强的作业（如起吊作业）及关键性作业（如停送电、放炮）是否实行标准化作业？

10. 是否进行在线安全训练？职工是否掌握必备的安全抢救常识和紧急避险、互救知识？

（三）施工措施安全情况

1. 是否设置了明显的工程界限标志？

2. 有可能发生塌陷、滑坡、爆破飞石、吊物坠落等危险场所是否标定合适的安全范围并设有警示标志或信号？

3. 友邻工程施工中在安全上相互影响的问题是如何解决的？

4. 特殊危险作业是否规定了严格的安全措施？能否强制实施？

5. 可能发生车辆伤害的路段是否设有合适的安全标志？

6. 作业场所的通道是否良好？是否有滑倒、摔伤的危险？

7. 所有用电设施是否按要求接地、接零？人员可能触及的带电部位是否采取有效的保护措施？

8. 可能遭受雷击的场所是否采取了必要的防雷措施？

9. 作业场所的照明、噪声、有毒有害气体浓度是否符合安全要求？

10. 所使用的设备、设施、工具、附件、材料是否具有危险性？是否定期进行检查确认？有无检查记录？

11. 作业场所是否存在冒顶片帮或坠井、掩埋的危险性？曾经采取了何等措施？

12. 登高作业是否采取了必要的安全措施（可靠的跳板、护栏、安全带等）？

13. 防、排水设施是否符合安全要求？

14. 劳动防护用品适应作业要求之情况，发放数量、质量、更换周期满足要求与否？

（四）油库、炸药库等易燃、易爆危险品

1. 危险品名称、数量、设计最大存放量是否了解？

2. 危险品化学性质及其燃点、闪点、爆炸极限、毒性、腐蚀性等了解与否？

3. 危险品是否根据其用途及特性分开存放？

4. 危险品与其他设备、设施等之间的距离、爆破器材分放点之间是否有殉爆的可能性？

5. 存放场所的照明及电气设施的防爆、防雷、防静电情况是否完成？

6. 存放场所的防火设施配置消防通道否？有无烟、火自动检测报警装置？

7. 存放危险品的场所是否有专人 24 小时值班，有无具体岗位责任制和危险品管理制度？

8. 危险品的运输、装卸、领用、加工、检验、销毁是否严格按照安全规定进行？

9. 危险品运输、管理人员是否掌握火灾、爆炸等危险状况下的避险、自救、互救的知识？是否定期进行必要的训练？

（五）起重运输大型作业机械情况

1. 运输线路里程、路面结构、平交路口、防滑措施等情况如何？

2. 指挥、信号系统情况如何？信息通道是否存在干扰？

3. 人—机系统匹配有何问题？

4. 设备检查、维护制度和执行情况如何？是否实行各层次的检查？周期多长？是否实行定期计划维修？周期多长？

5. 司机是否经过作业适应性检查？

6. 过去事故情况如何?

以上这些因素均是进行施工安全风险因素识别时需要考虑的主要因素。实际工程中须考虑的因素可能比上述因素还要多。

三、施工过程行为因素

采用HFACS框架对导致工程施工事故发生的行为因素进行分析。对标准的HFACS框架进行修订，以适应水电工程施工实际的安全管理、施工作业技术措施、人员素质等状况。框架的修改遵循四个原则:

第一，删除在事故案例分析中出现频率极少的因素，包括对工程施工影响较小和难以在事故案例中找到的潜在因素。

第二，对相似的因素进行合并，避免重复统计，从而无形之中提高类似因素在整个工程施工当中的重要性。

第三，针对水电工程施工的特点，对因素的定义、因素的解释和其涵盖的具体内容进行适当的调整。

第四，HFACS框架是从国外引进的，将部分因素的名称加以修改，以更贴切我国工程施工安全管理业务的习惯用语。

对标准HFACS框架修改如下:

(一) 企业组织影响 (L4)

企业(包括水电开发企业、施工承包单位、监理单位)组织层的差错属于最高级别的差错，它的影响通常是间接的、隐性的，因而常会被安全管理人员所忽视。在进行事故分析时，很难挖掘起企业组织层的缺陷;而一经发现，其改正的代价也很高，但是却更能加强系统的安全。一般而言，组织影响包括三个方面:

1. 资源管理:主要指组织资源分配及维护决策存在的问题，如安全组织体系不完善、安全管理人员配备不足、资金设施等管理不当、过度削减与安全相关的经费(安全投入不足)等。

2. 安全文化与氛围:可以定义为影响管理人员与作业人员绩效的多种变量，包括组织文化和政策，比如信息流通传递不畅、企业政策不公平、只奖不罚或滥奖、过于强调惩罚等都属于不良的文化与氛围。

3. 组织流程:主要涉及组织经营过程中的行政决定和流程安排，如施工组织设计不完善、企业安全管理程序存在缺陷、制定的某些规章制度及标准不完善等。

其中，“安全文化与氛围”这一因素，虽然在提高安全绩效方面具有积极作用，但不好定性衡量，在事故案例报告中也未明确指明，而且在工程施工各类人员成分复杂的结构当中，其传播较难有一个清晰的脉络。为了简化分析过程，将该因素去除。

（二）安全监管（L3）

1. 监督（培训）不充分：指监督者或组织者没有提供专业的指导、培训、监督等。若组织者没有提供充足的 CRM 培训，或某个管理人员、作业人员没有这样的培训机会，则班组协同合作能力将会大受影响，出现差错的概率必然增加。

2. 作业计划不适当：包括这样几种情况，班组人员配备不当，如没有职工带班，没有提供足够的休息时间，任务或工作负荷过量。整个班组的施工节奏以及作业安排由于赶工期等原因安排不当，会使得作业风险加大。

3. 隐患未整改：指的是管理者知道人员、培训、施工设施、环境等相关安全领域的不足或隐患之后，仍然允许其持续下去的情况。

4. 管理违规：指的是管理者或监督者有意违反现有的规章程序或安全操作规程，如允许没有资格、未取得相关特种作业证的人员作业等。

以上四项因素在事故案例报告中均有体现，虽然相互之间有关联，但各有差异，彼此独立，因此，均加以保留。

（三）不安全行为的前提条件（L2）

这一层级指出了直接导致不安全行为发生的主客观条件，包括作业人员状态、环境因素和人员因素。将“物理环境”改为“作业环境”，“施工人员资源管理”改为“班组管理”，“人员准备情况”改为“人员素质”。定义如下：

1. 作业环境：既指操作环境（如气象、高度、地形等），也指施工人员周围的环境，如作业部位的高温、振动、照明、有害气体等。

2. 技术措施：包括安全防护措施、安全设备和设施设计、安全技术交底的情况，以及作业程序指导书与施工安全技术方案等一系列情况。

3. 班组管理：属于人员因素，常为许多不安全行为的产生创造前提条件。未认真开展“班前会”及搞好“预知危险活动”；在施工作业过程中，安全管理人员、技术人员、施工人员等相互间信息沟通不畅、缺乏团队合作等问题属于班组管理不良。

4. 人员素质包括：体力（精力）差、不良心理状态与不良生理状态等生理心理素质，如精神疲劳，失去情境意识，工作中自满、安全警惕性差等属于不良心理状态；生病、身体疲劳或服用药物等引起生理状态差，当操作要求超出个人能力范围时会出现身体、智力局限，同时为安全埋下隐患，如视觉局限、休息时间不足、体能不适应等；没有遵守施工人员的休息要求、培训不足、滥用药物等属于个人准备情况的不足。

将标准 HFACS 的“体力（精力）限制”“不良心理状态”与“不良生理状态”合并，是因为这三者可能互相影响和转换。“体力（精力）限制”可能会导致“不良心理状态”与“不良生理状态”，此处便产生了重复，增加了心理和生理状态在所有因素当中的比重。同时，“不良心理状态”与“不良生理状态”之间也可能相互转化，由于心理状态的失调往往会带来生理上的伤害，而生理上的疲劳等因素又会引起心理状态的变化，两者相辅相成，常常是共同存在的。此外，没有充分的休息、滥用药物、生病、心理障碍也可以归结为人员准备不足，因此，将“体力（精力）限制”“不良心理状态”与“不良生理状态”合并至“人员素质”。

（四）施工人员的不安全行为（L1）

人的不安全行为是系统存在问题的直接表现。将这种不安全行为分成三类：知觉与决策差错、技能差错以及操作违规。

1. 知觉与决策差错：“知觉差错”和“决策差错”通常是并发的，由于对外界条件、环境因素以及施工器械状况等现场因素感知上产生的失误，进而导致做出错误的决定。决策差错指由于经验不足，缺乏训练或外界压力等造成，也可能理解问题不彻底，如紧急情况判断错误、决策失败等。知觉差错指一个人的感知觉和实际情况不一致，就像出现视觉错觉和空间定向障碍一样，可能是由于工作场所光线不足，或在不利地质、气象条件下作业等。

2. 技能差错：包括漏掉程序步骤、作业技术差、作业时注意力分配不当等。不依赖于所处的环境，而是由施工人员的培训水平决定，而在操作当中不可避免地发生，因此应该作为独立的因素保留。

3. 操作违规：故意或者主观不遵守确保安全作业的规章制度，分为习惯性的违章和偶然性的违规。前者是组织或管理人员常常能容忍和默许的，常造成施工人员习惯成自然。而后者偏离规章或施工人员通常的行为模式，一般会被立即禁止。

经过修订的新框架，根据工程施工的特点重新选择了因素。在实际的工程施工事故分析以及制定事故防范与整改措施的过程中，通常会成立事故调查组对某一类原因，比如施工人员的不安全行为进行调查，给出处理意见及建议。应用 HFACS 框架的目的之一是尽快找到并确定在工程施工中，所有已经发生的事故当中，哪一类因素占相对重要的部分，可以集中人力和物力资源对该因素所反映的问题进行整改。对于类似的或者可以归为一类的因素整体考虑，科学决策，将结果反馈给整改单位，由他们完成相关一系列后续工作。因此，修订后的 HFACS 框架通过对标准框架因素的调整，加强了独立性和概括性，使得能更合理地反映水电工程施工的实际状况。

应用 HFACS 框架对行为因素导致事故的情况初步分类，在求证判别一致性的基础上，分析了导致事故发生的主要因素。但这种分析只是静态的，HFACS 框架仅仅简单地将发生事故中的行为因素进行分类，没有指出上层因素是如何影响下层因素的，以及采取什么样的措施才能在将来尽量地避免事故发生。基于 HFACS 框架的静态分析只是将行为因素按照不同的层次进行了重新配置，没有寻求因素的发生过程和事故的解决之道。因此，有必要在此基础上，对 HFACS 框架当中相邻层次之间因素的联系进行分析，指出每个层次的因素如何被上一层次的因素影响，以及作用于下一次层次的因素，从而有利于针对某因素制定安全防范措施的时候，能够承上启下，进行综合考虑，从源头上避免该类因素的产生，并且能够有效抑制由于该因素发生而产生的连锁反应。

采用统计性描述，揭示不良的企业组织影响如何通过组织流程等因素向下传递造成安全监管的失误，安全监管的错误决定了安全检查与培训等力度，决定了是否严格执行安全管理规章制度等，决定了对隐患是否漠视等，这些错误造成了不安全行为的前提条件，进一步影响了施工人员的工作状态，最终导致事故的发生。进行统计学分析的目的是为了提供邻近层次的不同种类之间因素的概率数据，以用来确定框架当中高层次对低层次因素的影响程度。一旦确定了自上而下的主要途径，就可以量化因素之间的相互作用，也有利于制定针对性的安全防范措施与整改措施。

第三节　工程安全管理体系

一、安全管理体系内容

（一）建立健全安全生产责任制

安全生产责任制是安全管理的核心，是保障安全生产的重要手段，它能有效地预防事故的发生。

安全生产责任制是根据“管生产必须管安全”“安全生产人人有责”的原则，明确各级领导和各职能部门及各类人员在生产活动中应负的安全职责的制度。有些安全生产责任制，就能把安全与生产从组织形式上统一起来，把“管生产必须管安全”的原则从制度上固定下来，从而增强了各级管理人员的安全责任心，使安全管理纵向到底、横向到边、专管成线、群管成网、责任明确、协调配合、共同努力，真正把安全生产工作落到实处。

安全生产责任制的内容要分级制定和细化，如企业、项目、班组都应建立各级安全生产责任制，按其职责分工，确定各自的安全责任，并组织实施和考评，保证安全生产责任制的落实。

（二）制定安全教育制度

安全教育制度是企业对职工进行安全法律、法规、规范、标准、安全知识和操作规程培训教育的制度，是提高职工安全意识的重要手段，是企业安全管理的一项重要内容。

安全教育制度内容应规定：定期和不定期安全教育的时间、应受教育的人员、教育的内容和形式，如新工人、外施队人员等进场前必须接受三级（公司、项目、班组）安全教育。从事危险性较大的特殊工种的人员必须经过专门的培训机构培训合格后持证上岗，每年还必须进行一次安全操作规程的训练和再教育。对采用新工艺、新设备、新技术和变换工种的人员应进行安全操作规程和安全知识的培训和教育。

（三）制定安全检查制度

安全检查是发现隐患、消除隐患、防止事故、改善劳动条件和环境的重要措施，是企业预防安全生产事故的一项重要手段。

安全检查制度内容应规定：安全检查负责人、检查时间、检查内容和检查方式。它包括经常性的检查、专业化的检查、季节性的检查和专项性的检查以及群众性的检查等。对于检查出的隐患应进行登记，并采取定人、定时间、定措施的“三定”办法给予解决，同时对整改情况进行复查验收，彻底消除隐患。

（四）制定各工种安全操作规程

工种安全操作规程是消除和控制劳动过程中的不安全行为，预防伤亡事故，确保作业人员的安全和健康的需要的措施，也是企业安全管理的重要制度之一。

安全操作规程的内容应根据国家和行业安全生产法律、法规、标准、规范，结合施工现场的实际情况制定出各种安全操作规程。同时根据现场使用的新工艺、新设备、新技术，制定出相应的安全操作规程，并监督其实施。

（五）制定安全生产奖罚办法

企业制定安全生产奖罚办法的目的是不断提高劳动者进行安全生产的自觉性，调动劳动者的积极性和创造性，防止和纠正违反法律、法规和劳动纪律的行为，也是企业安全管理的重要制度之一。

安全生产奖罚办法规定奖罚的目的、条件、种类、数额、实施程序等。企业只有建立安全生产奖罚办法，做到有奖有罚、奖罚分明，才能鼓励先进、督促落后。

（六）制定施工现场安全管理规定

施工现场安全管理规定是施工现场安全管理制度的基础，目的是规范施工现场安全防护设施的标准化、定型化。

施工现场安全管理规定的内容包括：施工现场一般安全规定、安全技术管理、脚手架工程安全管理（包括特殊脚手架、工具式脚手架等）、电梯井操作平台安全管理、马路搭设安全管理、大模板拆装存放安全管理、水平安全网安全管理、井字架龙门架安全管理、孔洞临边防护安全管理、拆除工程安全管理等。

（七）制定机械设备安全管理制度

机械设备是指目前建筑施工普遍使用的垂直运输和加工机具，由于机械设备本身存在一定的危险性，管理不当就可能造成机毁人亡。所以它是目前施工安全管理的重点对象。

机械设备安全管理制度应规定，大型设备应到上级有关部门备案，符合国家和行业有关规定，还应设专人负责定期进行安全检查、保养，保证机械设备处于良好的状态，以及各种机械设备的安全管理制度。

（八）制定施工现场临时用电安全管理制度

施工现场临时用电是目前建筑施工现场离不开的一项操作，由于其使用广泛、危险性比较大，因此它牵涉到每个劳动者的安全，也是施工现场一项重要的安全管理制度。

施工现场临时用电管理制度的内容应包括：外电的防护、地下电缆的保护、设备的接地与接零保护、配电箱的设置及安全管理规定（总箱、分箱、开关箱）、现场照明、配电线路、电器装置、变配电装置、用电档案的管理等。

（九）制定劳动防护用品管理制度

使用劳动防护用品是为了减轻或避免劳动过程中，劳动者受到的伤害和职业危害，保护劳动者安全健康的一项预防性辅助措施，是安全生产防止职业性伤害的需要，对于减少职业危害起着相当重要的作用。

劳动防护用品制度的内容应包括：安全网、安全帽、安全带、绝缘用品、防职业病用品等。

二、建立健全安全组织机构

施工企业一般都有安全组织机构，但必须建立健全项目安全组织机构，确定安全生产目标，明确参与各方对安全管理的具体分工，安全岗位责任与经济利益挂钩，根据项目的性质规模不同，采用不同的安全管理模式。对于大型项目，必须安排专门的安全总负责人，并配以合理的班子，共同进行安全管理，建立安全生产管理的资料档案。实行单位领导对整个施工现场负责，专职安全员对部位负责，班组长和施工技术员对各自的施工区域负责，操作者对自己的工作范围负责的“四负责”制度。

三、安全管理体系建立步骤

（一）领导决策

最高管理者亲自决策，以便获得各方面的支持和在体系建立过程中所需的资源保证。

（二）成立工作组

最高管理者或授权管理者代表成立的工作小组负责建立安全管理体系。工作小组的成员要覆盖组织的主要职能部门，组长最好由管理者代表担任，以保证小组对人力、资金、信息的获取。

（三）人员培训

培训的目的是使有关人员了解建立安全管理体系的重要性，了解标准的主要思想和内容。

（四）初始状态评审

初始状态评审要对组织过去和现在的安全信息、状态进行收集、调查分析、识别和获取现有的、适用的法律、法规和其他要求，进行危险源辨识和风险评价，评审的结果将作为制定安全方针、管理方案、编制体系文件的基础。

（五）制订方针、目标、指标的管理方案

方针是组织对其安全行为的原则和意图的声明，也是组织自觉承担其责任和义务的承诺。方针不仅为组织确定了总的指导方向和行动准则，而且是评价一切后续活动的依据，并为更加具体的目标和指标提供一个框架。

安全目标、指标的制定是组织为了实现其在安全方针中所体现出的管理理念及其对整体绩效的期许与原则，与企业的总目标相一致。

管理方案是实现目标、指标的行动方案。为保证安全管理体系的实现，须结合年度管理目标和企业客观实际情况，策划制订安全管理方案。该方案应明确旨在实现目标、指标的相关部门的职责、方法、时间表以及资源的要求。

第四节　工程施工安全控制

一、安全操作要求

（一）爆破作业

1. 爆破器材的运输

气温低于10℃运输易冻的硝化甘油炸药时，应采取防冻措施；气温低于-15℃运输硝化甘油炸药时，也应采取防冻措施；禁止用翻斗车、自卸汽车、拖车、机动三轮车、人力三轮车、摩托车和自行车等运输爆破器材；运输炸药雷管时，装车高度要低于车厢10cm。车厢、船底应加软垫。雷管箱不许倒放或立放，层间也应垫软垫；水路运输爆破器材，停泊地点距岸上建筑物不得小于250m；汽车运输爆破器材，汽车的排气管宜设在车前下侧，

并应设置防火罩装置；汽车在视线良好的情况下行驶时，时速不得超过 20km（工区内不得超过 15km）；在弯多坡陡、路面狭窄的山区行驶，时速应保持在 5km 以内。平坦道路行车间距应大于 50m，上下坡应大于 300m。

2. 爆破

明挖爆破音响依次发出预告信号（现场停止作业，人员迅速撤离）、准备信号、起爆信号、解除信号。检查人员确认安全后，由爆破作业负责人通知警报室发出解除信号。在特殊情况下，如准备工作尚未结束，应由爆破负责人通知警报室延后发布起爆信号，并用广播器通知现场全体人员。装药和堵塞应使用木、竹制作的炮棍。严禁使用金属棍棒装填。

深孔、竖井、倾角大于 30°的斜井、有瓦斯和粉尘爆炸危险等工作面的爆破，禁止采用火花起爆；炮孔的排距较密时，导火索的外露部分不得超过 1.0m，以防止导火索互相交错而起火；一人连续单个点火的火炮，暗挖不得超过 5 个，明挖不得超过 10 个；并应在爆破负责人指挥下，做好分工及撤离工作；当信号炮响后，全部人员应立即撤出炮区，迅速到安全地点掩蔽；点燃导火索应使用专用点火工具，禁止使用火柴和打火机等。

用于同一爆破网路内的电雷管，电阻值应相同。网路中的支线、区域线和母线彼此连接之前各自的两端应绝缘；装炮前工作面一切电源应切除，照明至少设于距工作面 30m 以外，只有确认炮区无漏电、感应电后，才可装炮；雷雨天严禁采用电爆网路；供给每个电雷管的实际电流应大于准爆电流，网路中全部导线应绝缘；有水时导线应架空；各接头应用绝缘胶布包好，两条线的搭接口禁止重叠，至少应错开 0.1m；测量电阻只许使用经过检查的专用爆破测试仪表或线路电桥；严禁使用其他电气仪表进行量测；通电后若发生拒爆，应立即切断母线电源，将母线两端拧在一起，锁上电源开关箱进行检查；进行检查的时间：对于即发电雷管，至少在 10min 以后；对于延发电雷管，至少在 15min 以后。

导爆索只准用快刀切割，不得用剪刀剪断导火索；支线要顺主线传爆方向连接，搭接长度不应少于 15cm，支线与主线传爆方向的夹角应不大于 90°；起爆导爆索的雷管，其聚能穴应朝向导爆索的传爆方向；导爆索交叉敷设时，应在两根交叉爆索之间设置厚度不小于 10cm 的木质垫板；连接导爆索中间不应出现断裂破皮、打结或打圈现象。

用导爆管起爆时，应有设计起爆网路，并进行传爆试验；网路中所使用的连接元件应经过检验合格；禁止导爆管打结，禁止在药包上缠绕；网路的连接处应牢固，两元件应相距 2m；敷设后应严加保护，防止冲击或损坏；一个 8 号雷管起爆导爆管的数量不宜超过 40 根，层数不宜超过 3 层，只有确认网路连接正确，与爆破无关人员已经撤离，才准许接入引爆装置。

（二）起重作业

钢丝绳的安全系数应符合有关规定。根据起重机的额定负荷，计算好每台起重机的吊点位置，最好采用平衡梁抬吊。每台起重机所分配的荷重不得超过其额定负荷的75%~80%。应有专人统一指挥，指挥者应站在两台起重机司机都能看到的位置。重物应保持水平，钢丝绳应保持铅直受力均衡。具备经有关部门批准的安全技术措施。起吊重物离地面10cm时，应停机检查绳扣、吊具和吊车的刹车可靠性，仔细观察周围有无障碍物。确认无问题后，方可继续起吊。

（三）脚手架拆除作业

拆脚手架前，必须将电气设备和其他管、线、机械设备等拆除或加以保护。拆脚手架时，应统一指挥，按顺序自上而下进行；严禁上下层同时拆除或自下而上进行。拆下的材料，禁止往下抛掷，应用绳索捆牢，用滑车、卷扬等方法慢慢放下来，集中堆放在指定地点。拆脚手架时，严禁采用将整个脚手架推倒的方法进行拆除。三级、特级及悬空高处作业使用的脚手架拆除时，必须事先制定安全可靠的措施才能进行拆除。拆除脚手架的区域内，无关人员禁止逗留和通过，在交通要道应设专人警戒。架子搭成后，未经有关人员同意，不得任意改变脚手架的结构和拆除部分杆子。

（四）常用安全工具

安全帽、安全带、安全网等施工生产使用的安全防护用具，应符合国家规定的质量标准，具有厂家安全生产许可证、产品合格证和安全鉴定合格证书，否则不得采购、发放和使用。常用安全防护用具应经常检查和定期试验。高处临空作业应按规定架设安全网，作业人员使用的安全带，应挂在牢固的物体上或可靠的安全绳上，安全带严禁低挂高用。挂安全带用的安全绳，不宜超过3m。在有毒有害气体可能泄漏的作业场所，应配置必要的防毒护具，以备急用，并及时检查维修更换，保证其处在良好待用状态。电气操作人员应根据工作条件选用适当的安全电工用具和防护用品，电工用具应符合安全技术标准并定期检查，凡不符合技术标准要求的绝缘安全用具、登高作业安全工具、携带式电压和电流指示器以及检修中的临时接地线等，均不得使用。

二、安全控制要点

（一）一般脚手架安全控制要点

1. 脚手架搭设之前应根据工程的特点和施工工艺要求确定搭设（包括拆除）施工方案。

2. 脚手架必须设置纵、横向扫地杆。

3. 高度在 24m 以下的单、双排脚手架均必须在外侧立面的两端各设置一道剪刀撑并应由底至顶连续设置中间各道剪刀撑。剪刀撑及横向斜撑搭设应随立杆纵向和横向水平杆等同步搭设，各底层斜杆下端必须支承在垫块或垫板上。

4. 高度在 24m 以下的单、双排脚手架宜采用刚性连墙件与建筑物可靠连接，亦可采用拉筋和顶撑配合使用的附墙连接方式，严禁使用仅有拉筋的柔性连墙件。24m 以上的双排脚手架必须采用刚性连墙件与建筑物可靠连接，连墙件必须采用可承受拉力和压力的构造。50m 以下（含 50m）脚手架连墙件，应按 3 步 3 跨进行布置，50m 以上的脚手架连墙件应按 2 步 3 跨进行布置。

（二）一般脚手架检查与验收程序

脚手架的检查与验收应由项目经理组织项目施工、技术、安全、作业班组负责人等有关人员参加，按照技术规范、施工方案、技术交底等有关技术文件对脚手架进行分段验收，在确认符合要求后方可投入使用。

脚手架及其地基基础应在下列阶段进行检查和验收：

1. 基础完工后及脚手架搭设前。

2. 作业层上施加荷载前。

3. 每搭设完 10~13m 高度后。

4. 达到设计高度后。

5. 遇有六级及以上大风与大雨后。

6. 寒冷地区土层开冻后。

7. 停用超过一个月的，在重新投入使用之前。

（三）附着式升降脚手架，整体提升脚手架或爬架作业安全控制要点

附着式升降脚手架（整体提升脚手架或爬架）作业要针对提升工艺和施工现场作业条

件编制专项施工方案。专项施工方案包括设计、施工、检查、维护和管理等全部内容。

安装搭设必须严格按照设计要求和规定程序进行，安装后经验收并进行荷载试验，确认符合设计要求后，方可正式使用。

进行提升和下降作业时，架上人员和材料的数量不得超过设计规定并尽可能减少。

升降前必须仔细检查附着连接和提升设备的状态是否良好，发现异常应及时查找原因并采取措施解决。

升降作业应统一指挥、协调动作。

在安装、升降、拆除作业时，应划定安全警戒范围并安排专人进行监护。

（四）洞口、临边防护控制

1. 洞口作业安全防护基本规定

（1）各种楼板与墙的洞口按其大小和性质应分别设置牢固的盖板、防护栏杆、安全网或其他防坠落的防护设施。

（2）坑槽、桩孔的上口柱形、条形等基础的上口以及天窗等处都要作为洞口采取符合规范的防护措施。

（3）楼梯口、楼梯口边应设置防护栏杆或者用正式工程的楼梯扶手代替临时防护栏杆。

（4）井口除设置固定的栅门外还应在电梯井内每隔两层不大于 10m 处设一道安全平网进行防护。

（5）在建工程的地面入口处和施工现场人员流动密集的通道上方应设置防护棚，防止因落物产生物体打击事故。

（6）施工现场大的坑槽、陡坡等处除须设置防护设施与安全警示标牌外，夜间还应设红灯示警。

2. 洞口的防护设施要求

（1）楼板、屋面和平台等面上短边尺寸小于 25cm 但大于 2. 5cm 的孔口必须用坚实的盖板盖严，盖板要有防止挪动移位的固定措施。

（2）楼板面等处边长为 25~50cm 的洞口、安装预制构件时的洞口以及因缺件临时形成的洞口可用竹、木等做盖板盖住洞口，盖板要保持四周搁置均衡并有固定其位置不发生挪动移位的措施。

（3）边长为 50~150cm 的洞口必须设置一层以扣件连接钢管而成的网格栅，并在其上满铺竹篱笆或脚手板，也可采用贯穿于混凝土板内的钢筋构成防护网栅、钢盘网格，间距不得大于20cm。

（4）边长在150cm以上的洞口四周必须设防护栏杆，洞口下方设安全平网防护。

3. 施工用电安全控制

（1）施工现场临时用电设备在5台及以上或设备总容量在50kW及以上者应编制用电组织设计。临时用电设备在5台以下和设备总容量在50kW以下者应制定安全用电和电气防火措施。

（2）变压器中性点直接接地的低压电网临时用电工程必须采用TN-S接零保护系统。

（3）当施工现场与外线路共用同一供电系统时，电气设备的接地、接零保护应与原系统保持一致，不得一部分设备做保护接零，另一部分设备做保护接地。

（4）配电箱的设置。

①施工用电配电系统应设置总配电箱配电柜、分配电箱、开关箱，并按照“总—分—开”顺序作分级设置形成“三级配电”模式。

②施工用电配电系统各配电箱、开关箱的安装位置要合理。总配电箱配电柜要尽量靠近变压器或外电源处以便于电源的引入。分配电箱应尽量安装在用电设备或负荷相对集中区域的中心地带，确保三相负荷保持平衡。开关箱安装的位置应视现场情况和工况尽量靠近其控制的用电设备。

③为保证临时用电配电系统三相负荷平衡施工现场的动力用电和照明用电应形成两个用电回路，动力配电箱与照明配电箱应该分别设置。

④施工现场所有用电设备必须有各自专用的开关箱。

⑤各级配电箱的箱体和内部设置必须符合安全规定，开关电器应标明用途，箱体应统一编号。停止使用的配电箱应切断电源，箱门上锁。固定式配电箱应设围栏并有防雨防砸措施。

（5）电器装置的选择与装配。

在开关箱中作为末级保护的漏电保护器，其额定漏电动作电流不应大于30mA，额定漏电动作时间不应大于0.1s。在潮湿、有腐蚀性介质的场所中，漏电保护器要选用防溅型的产品，其额定漏电动作电流不应大于15mA，额定漏电动作时间不应大于0.1s。

（6）施工现场照明用电。

①在坑、洞、井内作业，夜间施工或厂房、道路、仓库、办公室、食堂、宿舍、料具堆放场所及自然采光差的场所应设一般照明、局部照明或混合照明。一般场所宜选用额定

电压220V的照明器。

②隧道、人防工程、高温、有导电灰尘、比较潮湿或灯具离地面高度低于2.5m等场所的照明电源电压不得大于36V。

③潮湿和易触及带电体场所的照明电源电压不得大于24V。

④特别潮湿场所、导电良好的地面、锅炉或金属容器内的照明电源电压不得大于12V。

⑤照明变压器必须使用双绕组型安全隔离变压器，严禁使用自耦变压器。

⑥室外220V灯具距地面不得低于3m，室内220V灯具距地面不得低于2.5m。

4. 垂直运输机械安全控制

(1) 外用电梯安全控制要点

①外用电梯在安装和拆卸之前必须针对其类型特点说明书的技术要求，结合施工现场的实际情况制订详细的施工方案。

②外用电梯的安装和拆卸作业必须由取得相应资质的专业队伍进行安装完毕，经验收合格取得政府相关主管部门核发的《准用证》后方可投入使用。

③外用电梯在大雨、大雾和六级及六级以上大风天气时应停止使用。暴风雨过后应组织对电梯各有关安全装置进行一次全面检查。

(2) 塔式起重机安全控制要点

①塔吊在安装和拆卸之前必须针对类型特点说明书的技术要求结合作业条件制订详细的施工方案。

②塔吊的安装和拆卸作业必须由取得相应资质的专业队伍进行安装完毕，经验收合格取得政府相关主管部门核发的《准用证》后方可投入使用。

③遇六级及六级以上大风等恶劣天气应停止作业将吊钩升起。行走式塔吊要夹好轨钳。当风力达十级以上时应在塔身结构上设置缆风绳或采取其他措施加以固定。

参考文献

[1] 束东. 水利工程建设项目施工单位安全员业务简明读本［M］. 南京：河海大学出版社，2020.

[2] 刘志强，季耀波，孟健婷. 水利水电建设项目环境保护与水土保持管理［M］. 昆明：云南大学出版社，2020.

[3] 张鹏. 水利工程施工管理［M］. 郑州：黄河水利出版社，2020.

[4] 闫国新，吴伟. 水利工程施工技术［M］. 北京：中国水利水电出版社，2020.

[5] 张义. 水利工程建设与施工管理［M］. 长春：吉林科学技术出版社，2020.

[6] 宋美芝，张灵军，张蕾. 水利工程建设与水利工程管理［M］. 长春：吉林科学技术出版社，2020.

[7] 刘勇，郑鹏，王庆. 水利工程与公路桥梁施工管理［M］. 长春：吉林科学技术出版社，2020.

[8] 赵永前. 水利工程施工质量控制与安全管理［M］. 郑州：黄河水利出版社，2020.

[9] 陈惠达. 水利工程施工技术及项目管理［M］. 中国原子能出版社，2020.

[10] 王仁龙. 水利工程混凝土施工安全管理手册［M］. 北京：中国水利水电出版社，2020.

[11] 魏永强. 现代水利工程项目管理［M］. 长春：吉林科学技术出版社，2020.

[12] 姬志军，邓世顺. 水利工程与施工管理［M］. 哈尔滨：哈尔滨地图出版社，2019.

[13] 高喜永，段玉洁，于勉. 水利工程施工技术与管理［M］. 长春：吉林科学技术出版社，2019.

[14] 牛广伟. 水利工程施工技术与管理实践［M］. 北京：现代出版社，2019.

[15] 贺芳丁，刘荣钊，马成远. 水利工程施工设计优化研究［M］. 长春：吉林科学技术出版社，2019.

[16] 陈雪艳. 水利工程施工与管理以及金属结构全过程技术 [M]. 北京：中国大地出版社，2019.

[17] 袁俊周，郭磊，王春艳. 水利水电工程与管理研究 [M]. 郑州：黄河水利出版社，2019.

[18] 丁长春. 水利工程与施工管理 [M]. 长春：吉林科学技术出版社，2019.

[19] 郝秀玲，李钰，杨杨. 水利工程设计与施工 [M]. 长春：吉林科学技术出版社，2019.

[20] 刘明忠，田淼，易柏生. 水利工程建设项目施工监理控制管理 [M]. 北京：中国水利水电出版社，2019.

[21] 贾艳霞，樊振华，赵洪志. 水工建筑物设计与水利工程管理 [M]. 北京：中国石化出版社，2019.

[22] 王海雷，王力，李忠才. 水利工程管理与施工技术 [M]. 北京：九州出版社，2018.

[23] 侯超普. 水利工程建设投资控制及合同管理实务 [M]. 郑州：黄河水利出版社，2018.

[24] 高占祥. 水利水电工程施工项目管理 [M]. 南昌：江西科学技术出版社，2018.

[25] 王东升，常宗瑜. 水利水电工程机械安全生产技术 [M]. 徐州：中国矿业大学出版社，2018.

[26] 李锟，王达，王锡杰. 水利工程设计与施工 [M]. 北京：现代出版社，2018.

[27] 薛根林. 水利工程施工与管理研究 [M]. 延吉：延边大学出版社，2018.

[28] 李明. 水利工程施工管理与组织 [M]. 郑州：黄河水利出版社，2018.

[29] 王绍民，郭鑫，张潇. 水利工程建设与管理 [M]. 天津：天津科学技术出版社，2018.

[30] 王东民. “互联网+”水利工程施工运行和管理 [M]. 天津：天津科学技术出版社，2018.

[31] 吴怀河，蔡文勇，岳绍华. 水利工程施工管理与规划设计 [M]. 昆明：云南科技出版社，2018.

[32] 张平，谢事亨，袁娜娜. 水利工程施工与建设管理实务 [M]. 北京：现代出版社，2018.

[33] 王桂芹，郝小贞，杨志静. 水利工程施工技术与项目管理 [M]. 中国原子能出版社，2018.

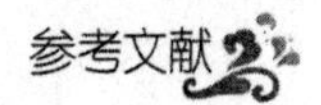

[34] 胡琴，范振雷. 水利工程建设施工管理实务［M］. 哈尔滨：哈尔滨地图出版社，2018.

[35] 麻媛. 水利工程与地质研究［M］. 天津：天津科学技术出版社，2018.

[36] 程健. 水利工程测量［M］. 北京：中国水利水电出版社，2018.